互联网 + 职业技能系列微课版创新教材

计算机
组装与维护

束开俊　周清华　编著

北京希望电子出版社
Beijing Hope Electronic Press
www.bhp.com.cn

内 容 简 介

随着"互联网+"时代的到来，职业教育和互联网技术日益融合发展。为提升职业院校培养高素质技能人才的教学能力，现推出"互联网+职业技能系列微课版创新教材"。

本书是由具有多年丰富教学经验和实践经验的计算机维护维修专家编写而成。全书分为三大篇十个项目。上篇为建立硬件系统篇，主要讲解计算机结构识别、计算机配件选购和计算机的拆装；中篇为建立软件系统篇，详细讲解操作系统的安装及激活、硬件驱动的安装、软件的安装；下篇为计算机维护篇，主要讲解计算机的优化和维护、系统的备份与还原、各种计算机软件故障和硬件故障的排除。

本书可作为职业院校、技工学校及各类社会培训机构的教材，也可作为从事计算机维护维修人员的参考用书。

为帮助读者更好地学习，本书配套提供了微课视频，读者可以通过扫描封底和正文中的二维码获取相关文件。

图书在版编目（CIP）数据

计算机组装与维护 / 束开俊，周清华编著. -- 北京:
北京希望电子出版社, 2022.10
　ISBN 978-7-83002-845-9

Ⅰ. ①计… Ⅱ. ①束… ②周… Ⅲ. ①电子计算机—组装—教材②电子计算机—维修—教材 Ⅳ. ①TP30

中国版本图书馆 CIP 数据核字(2022)第 170525 号

出版：北京希望电子出版社　　　　　　　　封面：汉字风
地址：北京市海淀区中关村大街 22 号　　　编辑：周卓琳
　　　中科大厦 A 座 10 层　　　　　　　　校对：龙景楠
邮编：100190　　　　　　　　　　　　　　开本：787mm×1092mm　1/16
网址：www.bhp.com.cn　　　　　　　　　　印张：15.5
电话：010-82626227　　　　　　　　　　　字数：368 千字
传真：010-62543892　　　　　　　　　　　印刷：北京昌联印刷有限公司
经销：各地新华书店　　　　　　　　　　　版次：2022 年 10 月 1 版 1 次印刷

定价：41.00 元

编 委 会

PREFACE 前言

作为信息科学的载体和核心，计算机的诞生和发展促进了人类社会的进步与繁荣，计算机科学在知识时代扮演了重要的角色，无论是生活还是工作都离不开计算机。

本书是以职业技术教育培训为目标而编写的教材，能够让学生熟练掌握计算机系统各部件的性能、系统的设置、测试与优化，以及常见故障的维修方法。

全书由三篇十个项目构成，分别是硬件系统建立篇、软件系统建立篇和电脑维护篇。项目一主要介绍计算机的基本认识、配件的认识及选购方法；项目二详细介绍了如何选购计算机的配件；项目三介绍计算机的拆装过程；项目四介绍U盘启动盘的制作方法；项目五主要介绍虚拟机的操作使用方法；项目六详细介绍了各种操作系统的安装方法及过程；项目七主要介绍如何通过注册表和组策略来个性化设置系统；项目八主要介绍病毒与木马的概念以及防治方法；项目九主要介绍系统的优化方法与系统的备份还原方法；项目十主要介绍计算机各种软件和硬件故障的处理方法。书中每个项目又分成若干个操作，帮助学生循序渐进，稳扎稳打，从入门到精通计算机组装与维护。

本书介绍了目前流行且实用的计算机组装与维护技术。在结构上由浅入深地对知识点进行分析与讲解，在实践操作中让读者理解、巩固和深化各个知识点，帮助读者更好地学习。

作者从事职业院校的计算机教育工作多年，多次参与企业项目实践操作，有着丰富的教学经验和实践经验。

书中针对一些重点和难点提供了教学视频，读者可以通过扫描对应的二维码获取相应的视频教程。

在本书编写的过程中，得到了很多同事和朋友们的鼓励和帮助。同时，本书在编写的过程中，还参考了同行的一些资料和书籍，在此表示诚挚的感谢。

愿使用本书的读者能真正受益，但由于编者知识水平有限，书中不妥与不完善之处在所难免，恳请广大读者批评指正。若您在阅读本书的过程中遇到问题，请您及时将问题发送至作者的邮箱：122687504@qq.com，这样不仅可以帮助您排除困惑，还可以帮助我们在以后的教材升级过程中提高质量。

编　者
2022年6月

CONTENTS 目录

上篇　硬件系统建立篇

项目一　计算机选购识别

项目二　计算机配件的选购

项目三　拆装计算机硬件

中篇　软件系统建立篇

项目四　制作启动盘

项目五　虚拟机的使用

项目六　安装操作系统

下篇　计算机维护篇

项目七　个性化系统

项目八　防治病毒与木马

项目九　系统的优化与维护

项目十　计算机故障的排除

目录

上篇

硬件系统建立篇

| 项目一 | 计算机选购识别 |

| 项目二 | 计算机配件的选购 |

| 项目三 | 拆装计算机硬件 |

项目一

计算机选购识别

▲ 项目导读

组装一台计算机需要哪些配件？台式机与笔记本电脑有什么区别？本项目主要讲述计算机各个配件的名称及选购计算机的一些技巧，以便让读者对计算机的选购形成基本的认识。

本项目的最后安排了实训任务——让读者熟悉各种类型计算机的行情。

▲ 重点与难点

- 计算机的识别
- 组装计算机的配件
- 台式机和笔记本电脑的区别
- 计算机的选购技巧

◢ **学习目标**

● 熟悉计算机的外部结构
● 熟悉组装计算机所需的配件
● 熟悉台式机和笔记本电脑的区别
● 熟悉计算机的选购技巧

操作一 识别计算机

购买计算机后，很多人看不明白计算机的各项参数，本操作将详细介绍如何识别计算机的型号、外部结构以及计算机上贴的各种标签，这是计算机用户应该掌握的基本知识。

任务一 识别计算机的型号

1. 识别笔记本电脑的型号

正规的笔记本电脑都会在表面标出产品型号。如图1-1所示，正面标出的是产品所属系列"E40"，背面标出的是产品的准确型号"E40-80"。

图1-1　笔记本电脑型号

产品型号一般不会有假，如果对所购产品有疑异，可进入BIOS查看，如图1-2所示。这种检测方式只针对笔记本电脑和品牌台式机。

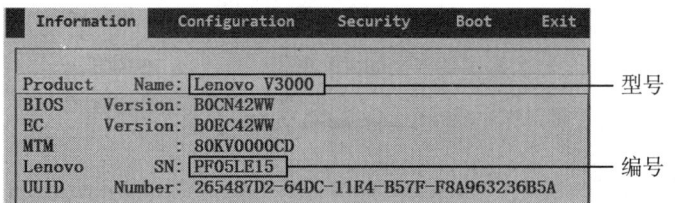

图1-2　笔记本电脑型号的识别

提示

主机编号是主机生产并出厂时的编号，其作用相当于居民的身份证编号，这个编号在售后服务中很重要。一般来说，主机编号是以NS、NA、ES、SS、FS、EA、BA开头的一串字母和数字的组合，编号中包含品牌的信息。

2. 识别品牌台式机的型号

很多品牌台式机主机的背面、侧面或顶部都会有相应的标识，如图1-3所示。

图1-3　品牌台式机型号的识别

任务二　认识计算机的外部结构

1. 认识笔记本外部结构

市场上的笔记本主要分为游戏本和轻薄本两大类型，各种笔记本电脑的外部结构大同小异，游戏本整体的体积要大点。轻薄本为了追求轻薄化，同时也为了减少成本，减掉了很多接口。这里以DELL 灵越14 Pro为例进行介绍。

如图1-4所示，笔记本外部结构说明如下所述。

①摄像头：用来拍照或开视频会议。

②摄像头指示灯：显示是否启用了摄像头。

③～④双阵列麦克风：捕获声音，若为双阵列麦克风，摄像头左右两边各有一个内置麦克风；若为单麦克风，仅在摄像头一侧。

⑤电源按键：用来开启计算机。

⑥左点击键：相当于鼠标左键。

⑦右点击键：相当于鼠标右键。

⑧触摸板：在触摸板上移动指尖可以移动指针，即鼠标的作用。

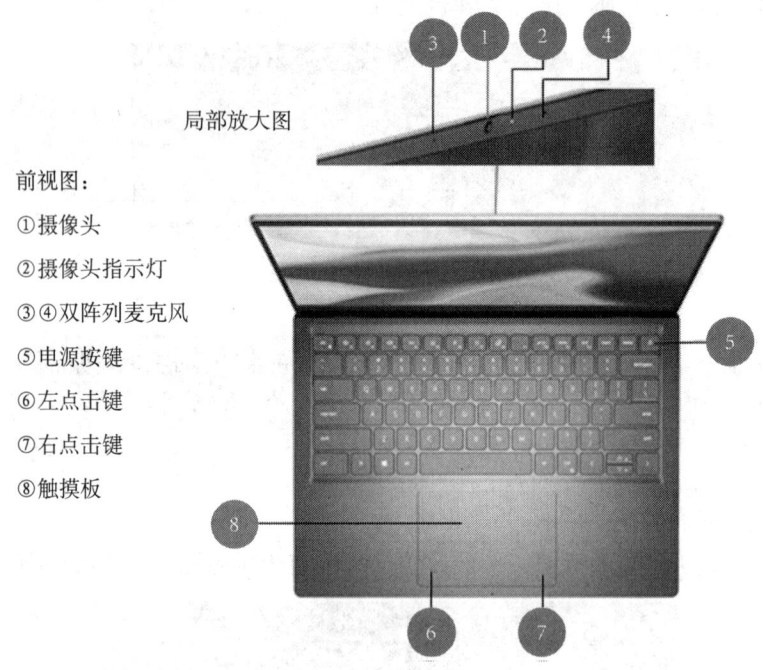

局部放大图

前视图：

①摄像头

②摄像头指示灯

③④双阵列麦克风

⑤电源按键

⑥左点击键

⑦右点击键

⑧触摸板

图1-4　DELL 灵越14 Pro前视图

如图1-5所示，左侧接口图说明如下所述。

①交流电源接口：将提供的交流电源适配器连接到此接口，向计算机供电并为电池充电。

②HDMI输出接口：使用高清晰度多媒体接口（HDMI）连接兼容的数字音频设备或视频显示器，如高清电视（HDTV）。

③USB 3.2 接口：用于连接 USB 1.1、USB 2.0 或USB 3.0 设备。

④Type-C接口：用于连接Type-C接口的设备。

右侧接口图说明如下所述。

①SD存储卡插槽：可插入SD卡。

②USB 3.2 接口：用于连接 USB 1.1、USB 2.0 或USB 3.0 设备。

③组合音频插孔：要收听来自计算机的声音，请将耳机或耳麦的 3.5 毫米（0.14 英寸）插头插入组合音频插孔。

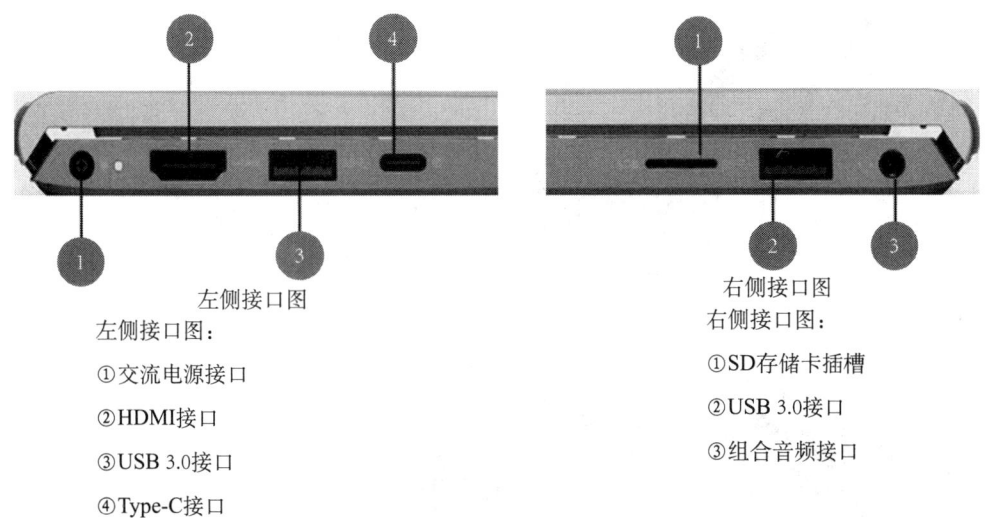

左侧接口图

左侧接口图：

①交流电源接口

②HDMI接口

③USB 3.0接口

④Type-C接口

右侧接口图

右侧接口图：

①SD存储卡插槽

②USB 3.0接口

③组合音频接口

图1-5　DELL 灵越14 Pro接口图

一般只有游戏本才有后侧接口，游戏本左右侧接口与轻薄本略有不同。如图1-6所示，后侧接口说明如下所述。

①Type-C接口：用于连接Type-C接口的设备。

②USB 3.2 接口：用于连接 USB 1.1、USB 2.0 或USB 3.0 设备。

③HDMI 输出接口：使用高清晰度多媒体接口（HDMI）连接兼容的数字音频设备或视频显示器，如高清电视（HDTV）。

④交流电源接口：将提供的交流电源适配器连接到此接口，向计算机供电并为电池充电。

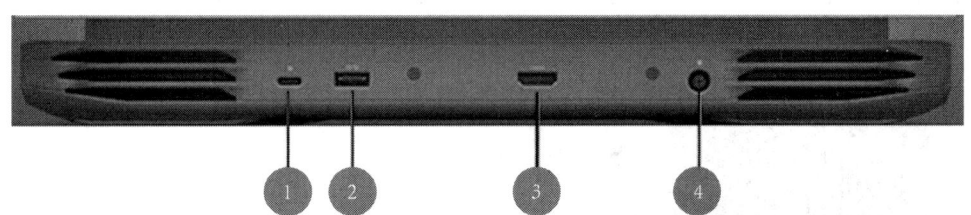

①Type-C接口；②USB 3.2 接口；③HDMI接口；④交流电源接口

图1-6　DELL 游匣G15后侧接口图

扩展坞，又称端口复制器，是专为一些轻薄型笔记本电脑设计的一种外置设备。轻薄型笔记本提供的接口较少，可以通过购买对应接口的扩展坞来扩展更多的接口，图1-7是一款Type-C接口的九合一扩展坞设备，根据需要可以扩展九个对应接口。通过复制甚至扩展计算机的端口，可使笔记本电脑与多个配件或外置设备（如电源适配器、网线、鼠标、外置键盘、存储卡及外置显示器）相连接，满足必备需求。

扩展坞不同于以前的分线器，分线器没有芯片，而扩展坞有芯片；分线器的数据处理依靠计算机的主板，而扩展坞可以通过芯片独立处理数据。

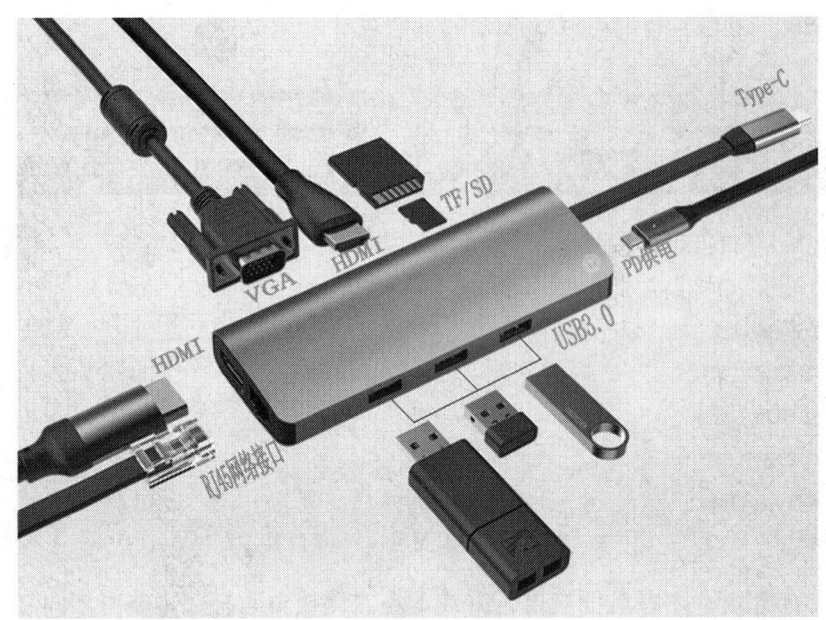

图1-7　九合一接口扩展坞

01

2. 认识台式机的外部结构

各种台式机外部结构大同小异，这里以联想 GeekPro台式机为例。如图1-8所示，台式机前面板接口说明如下所述。

①开机按钮：按下此按钮开启计算机电源。

②耳麦接口：此接口是耳机和麦克风二合一的接口，可连接耳机或外接扬声器，也可以连接麦克风。

③USB3.2 Gen1 Type-C接口：可连接USB3.2 Gen1 Type-C设备等。

④USB3.2 Gen1：可连接USB3.2 Gen1设备等。

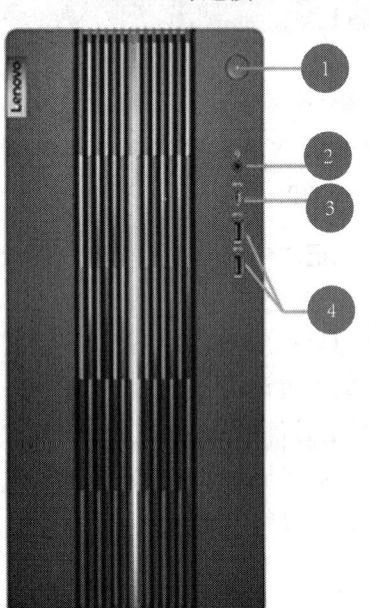

前面板：

①开机按钮

②耳麦接口

③USB3.2 Gen1 Type-C接口

④USB3.2 Gen1

图1-8　联想 GeekPro前面板

如图1-9所示，台式机后面板说明如下所述。

①耳机插孔：可连接耳机或外接扬声器。

②HDMI 接口：连接 HDMI 兼容设备。

③VGA 接口：可连接VGA接口的显示器。

④RJ-45 网络接口：通过网络中心连接到一个局域网（LAN）。

⑤USB 2.0接口：可连接 USB 2.0接口的设备等。

⑥独立显卡I/O接口：此处由左到右依次是DIV、HDMI、DP接口，由主机选配的显卡型号来连接对应接口的显示器。

⑦电源接口：将电源线连接至此接口。

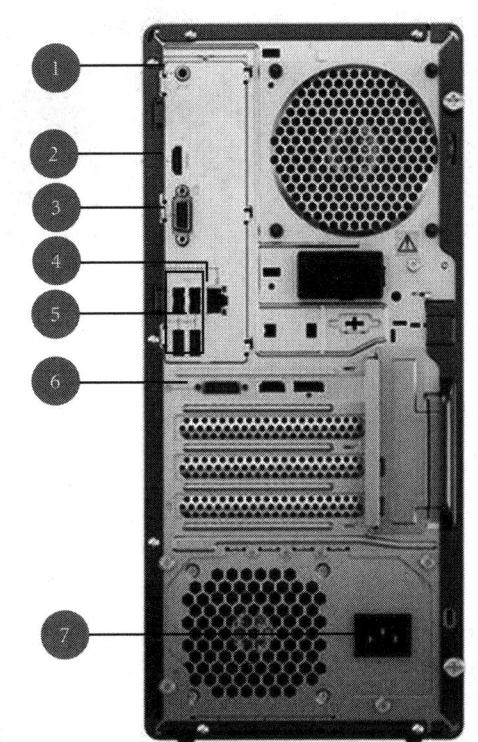

后面板：
①耳机插孔
②HDMI 接口
③VGA 接口
④RJ-45 网络接口
⑤USB 2.0 接口×4
⑥独立显卡I/O接口
⑦电源接口

图1-9 联想 GeekPro后面板

任务三 认识计算机的标签

计算机产品表面会贴上各种标签，正规计算机的标签通常会传达计算机的真实情况。但标签有可能造假，购买计算机时仅供参考。后面还会介绍计算机的检测方法，可对它进行详细的检测。如图1-10所示，这些是计算机上的一些标签。

图1-10　计算机标签

标签所表示的含义各有不同，主要意义是：表示CPU情况；表示显卡情况；表示系统情况；表示认证情况；表示功能情况等。

intel inside表示内置的Intel CPU类型I3、I5、I7等，7th Gen表示第七代；AMD的CPU类型有A8、A10、FX等，6TH Generation表示第六代，如图1-11所示。

图1-11　CPU标签

GRAPHICS表示图形处理，NVIDIA表示NVIDIA的显示芯片，AMD表示AMD的显示芯片，如图1-12所示。

图1-12　显卡标签

"Windows"指的是内置的操作系统类型，如图1-13所示。

图1-13　系统标签

图1-14所示为一些其他标签，这些分别表示正版操作系统授权及序列号；符合能源之星标准；支持闪联；3A配置；AMD的CPU+显示芯片+主板芯片；支持杜比音效。

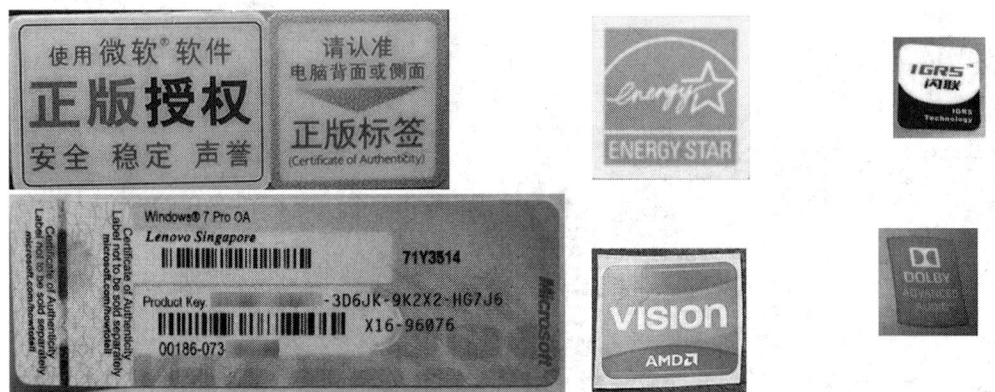

图1-14　其他标签

操作二 组装计算机需要的配件

选购计算机时，有的人喜欢直接买品牌机，有一些人更喜欢自己组装计算机。组装一台计算机需要选购哪些配件呢？本操作将详细介绍组装一台计算机所需要的配件。

任务一 认识CPU及CPU散热器

CPU也叫中央处理器，类似于人的大脑，是计算机系统运算和控制的最核心配件，也是在选购计算机时首先要确定的设备，CPU的性能基本上决定了计算机的档次。选购CPU时可以选择盒装CPU，也可以选择散装CPU。盒装CPU自带散热器，散装CPU需要另外购买CPU散热器。CPU及CPU散热器如图1-15所示。

盒装CPU　　　　　　　散装CPU　　　　　　　CPU散热器

图1-15　CPU及CPU散热器

任务二 认识主板

主板类似于人的躯干，是计算机最基本也是最重要的部件之一，主要起到连接和协调的作用，它将计算机的所有配件串联起来。若主板性能不好，会让整个计算机运行缓慢。主板外观如图1-16所示。

图1-16　主板外观

任务三 认识内存

计算机内存用于临时存储计算机在运行过程中处理的数据，内存容量越大，计算机的运行速度就相对越快。内存外观如图1-17所示。

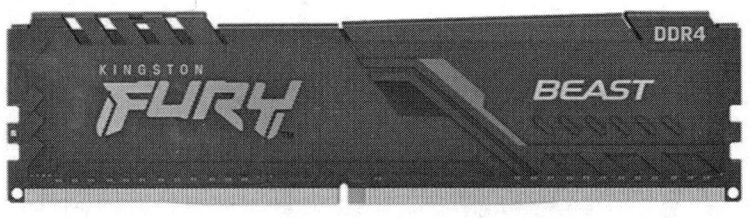

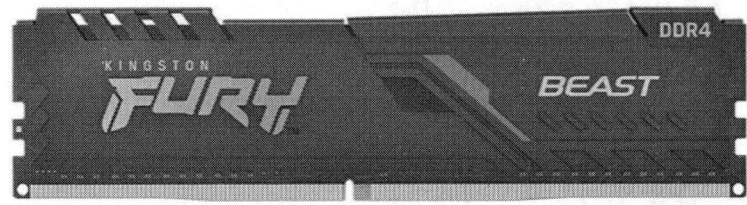

图1-17 内存外观

任务四 认识硬盘

硬盘可以说是计算机的仓库，用来永久存储各种软件和用户数据。硬盘分为机械硬盘和固态硬盘，固态硬盘的运行速度比机械硬盘快很多。硬盘的外观如图1-18所示。

机械硬盘

M.2固态硬盘

SATA固态硬盘

图1-18 硬盘

任务五 认识显卡

显卡是个人计算机的基础组件，用于连接显示器和主板。显卡分为集成显卡和独立显卡两类。集成显卡不需要单独购买，由CPU集成，主板提供显卡接口；而独立显卡效率更高，若对画质和画面有较高的要求则需要用独立显卡。显卡的外观如图1-19所示。

图1-19　显卡外观

任务五　认识电源

电源主要给主板、独立显卡和机械硬盘供电。建议选购功率在500～700W之间的电源，主要是为确保电源的功率能带动计算机的配件。电源外观如图1-20所示。

图1-20　电源外观

任务五　认识机箱

机箱可以防止灰尘损害计算机的内部设备。机箱的尺寸主要是由主板的规格决定，例如：ATX规格的主板要配ATX的机箱，选购时还要兼顾结实耐用。机箱的外观如图1-21所示。

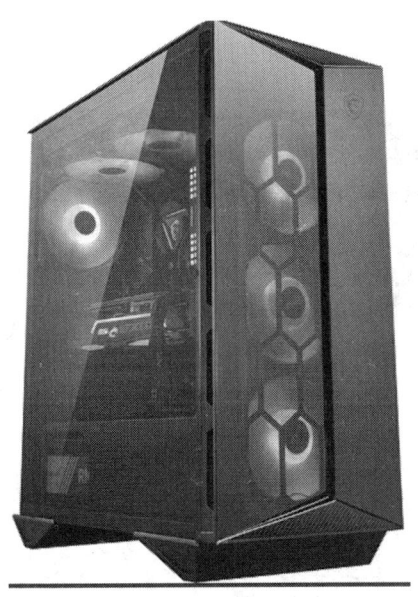

图1-21　机箱外观

任务五　认识显示器

　　显示器是计算机的I/O设备，即输入输出设备。网上销售的绝大部分计算机配置的报价并不包含显示器。选购显示器时主要是看屏幕的尺寸和接口，如果想将显示器用于各类设计工作，建议选择带HDMI接口的显示器。显示器外观如图1-22所示。

图1-22　显示器外观

任务五　认识键盘和鼠标

　　键盘和鼠标简称键鼠，属于计算机的外部设备。相比其他设备，键鼠的技术含量相对较低，也容易购买，只要觉得手感好就可以。相对而言，机械键盘更好。键盘和鼠标的外观如图1-23所示。

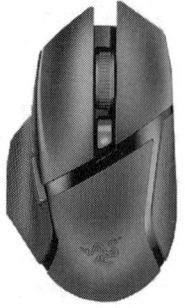

键盘　　　　　　　　　　　　　　鼠标

图1-23　键盘和鼠标

提示　　本操作中讲述的内容是组装一台计算机所需的主要设备，常用的网卡、声卡一般都集成在主板，不需要另外去选购，还有一些外部设备（比如：音箱、摄像头等）可以根据自己的需求去选购。电子产品更新换代非常快，在选购前可以通过网络查询各种硬件的行情，在项目二中将更详细地介绍各个配件的选购要领。

操作三　不同类型的计算机

在科技飞速发展的今天，计算机技术已经越来越成熟，用户对不同类型计算机的体验感也不一样。本操作将介绍不同类型计算机的特点，让学习者了解各种类型的计算机，从而可以根据自身需求去选择。

任务一　计算机的类型

目前，计算机的机型主要有三种，台式机、笔记本和一体机，如图1-24所示。

台式机　　　　　　　　笔记本　　　　　　　　一体机

图1-24　计算机类型

1. 台式机

台式机相对于笔记本电脑，体积较大，主机和显示器等设备一般都是相对独立的，一般需要放置在电脑桌或者专门的工作台上，因此命名为台式机。台式机的优点是耐用、价格实惠，和笔记本相比，相同价格的前提下配置更好、散热性更好，更换配件的成本相对更低；它的缺点是笨重、耗电量大。

台式机又分为品牌机和组装机。品牌机也叫原装机，是由某个计算机品牌商统一将计算机配件组装到一起，并享有该品牌计算机的特权。组装机是将计算机配件组装到一起的计算机。组装机可以根据需要自行购买硬件设备，也可以到计算机配件市场组装，根据自身要求，随意搭配，组装机的性价比相对更高。

2. 笔记本

笔记本电脑是一种小型、携带方便的个人电脑，适合经常出差办公的人群。笔记本电脑的重量通常为1～3千克。随着技术的进步，笔记本电脑的体积越来越小，重量越来越轻，但功能越来越强大。笔记本电脑和台式机的主要区别在于前者的便携性，它体积小、重量轻、携带方便。超轻超薄是笔记本电脑的主要发展方向。

3. 一体机

一体机是介于台式机和笔记本电脑之间的一个新型市场产物，它将主机和显示器部分整合为一体，形成新形态计算机。该产品的创新在于内部元件的高度集成。随着无线技术的发展，一体机的键盘、鼠标与显示器可实现无线连接，整台机器只需一根电源线，这就解决了台式机线缆多而杂的问题。

一体机的优势是：外观时尚，轻薄精巧；比一般的台式机更节省空间；价格适中；与台式机相比可移动性更好，便携性相对较高。

任务二　选购技巧

1. 选台式机、笔记本还是一体机？

三种机型要如何选，需要从自身需求出发。追求性价比的可以选台式机，追求携带方便的可以选笔记本电脑，追求时髦的可以考虑选择一体机。

2. 选组装机还是品牌机？

组装机和品牌机的区别主要表现在：品牌机稳定性比组装机好，品牌机的性价比要比组装机高，但品牌机升级的可扩展性不如组装机，因为一般的品牌机都是定制好的设备，如果想增加或更换设备，必须要找售后，如果在保修期内自行拆开主机箱，售后保修期则提前结束了。

提示　　对于需要运行比较大的软件的人群，还有技术比较专业的用户，建议选择组装机。如果是政府、企事业单位，或是对计算机要求具有较高稳定性的人群，建议选择品牌机，品牌机运行更加稳定，对工作中的资料和文件等不会损坏有更好的保证，而且大品牌的售后服务也更有保障。

操作四　如何选购计算机

本操作将介绍计算机的选购事项，让用户学会如何挑选到满意的计算机。

任务一　选购计算机的方式

对于不了解计算机的人来说，会纠结是在线上购买计算机还是在实体店购买计算机。线上和实体店购买计算机的区别如下。

1. 线下购买

如果对计算机行业比较了解，可以去线下实体店购买，这样会更容易购买到性价比高的机型，而且实体店可以看到计算机的实体，还可以进行试机等操作。在线下实体店购买计算机的人必须熟悉计算机技术，否则很容易被蒙骗，可能会花更多的钱买到到低配置的计算机。在购买计算机前最好先确定所需要的计算机品牌、型号及配置等，在线上大概了解一下计算机的价格，再到实体店去购买了解过的计算机类型。在实体店购买计算机时，尽量不要选择销售员强烈推荐的机型，否则很容易上当。

2. 线上购买

如果对计算机不了解，还是建议去线上购买，但要去正规的网店购买（比如自营店和旗舰店），能支持七天无理由退换货。线上购买，在对比配置方面更方便。线上购买计算机同样要多了解，要多看其他购买者对该计算机的评价。

> **提示**　在购买计算机的时候，不管是线上还是线下都应该索要购买计算机的发票。如果不是直营实体店，很可能会推诿不给发票，发票是维权和售后的凭证，请不要购买没有正规发票的商品！

任务二　选购计算机的原则

计算机已进入千家万户，影响着生活的方方面面，选购计算机要考虑以下原则。

1. 明确需求

在买计算机时，不管是购买笔记本还是台式机，一定要铭记一个最朴素的消费原则，即"适合自己的才是最好的"。也就是说，在购买计算机之前，首先确定计算机是用来做什么事情的，不同的应用需求需要购买不同配置的计算机。

2. 确定预算

选购计算机前要做经济预算。做预算除了要考虑购买计算机的主要目的是什么，还要考虑自身的经济承受力。

经济承受能力强的购买者即使目的是用来打字和上网的也尽可能购买配置高一点的计算机，因为不知道将来是否会用它来做一些复杂的工作。配置越高的计算机用途越广，也越好操作，所以有时候不要过于遵循够用就好的原则，预算可以高一些。对于经济承受能力较弱的购买者来说，则要预算得精细些，在配置上尽量做到够用就好，但也不要过于勉强，一定要按工作需要确定配置，否则不能满足工作的需要，致使工作效率低，更是得不偿失。

3. 选定几款候选机型

真正购买前先选定几款候选的机型。想要很好地完成这一任务，可以先到一些IT资讯网站去查找相关的产品参数资料。例如中关村在线网站（http://www.zol.com.cn/），这里可查询众多不同品牌、型号的计算机的详细资料。另外，为了能查到更多相关产品的资料，可以在多个IT资讯网站里查找相关产品的详细参数，不同的网站所提供的产品参数可能会有些不同，有些网站列出的产品参数在其他网站可能没有列出。当然，也可以用搜索工具来搜索侯选产品的技术参数资料，查到的产品资料越多，对比就越精细，越容易选到合适的计算机。

任务三　购买计算机的注意事项

做好了购买计算机的准备工作后，购买时还要注意以下事项。

检查外观：验货时一定要看到计算机的原包装，当面拆封、解包，注意包装箱的编号和机器上的编号是否一致，这样可以防止商家将返修机或展品当作新品出售。

检查屏幕：打开计算机时，除了直接看屏幕的显示品质外，还要查看屏幕上是否有坏点，有问题的显示器会损伤眼睛。

检查散热：散热对笔记本电脑而言非常重要。如果笔记本电脑的散热效果不好，轻则耗电、缩短电池续航力；重则系统不稳定、经常死机，甚至缩短笔记本电脑的使用寿命。现场检查散热好坏的要诀就是直接触摸。笔记本电脑开机至少十分钟之后，用手掌触摸键盘表面，以及笔记本电脑的底盘，可以感觉到一个最热的地方，如果觉得烫手，表示笔记本电脑的散热效果不佳。

购买计算机时要坚持自己的观点，不要被销售员迷惑。

确认货物没有问题了才能付款，这一点非常重要。

购买组装机时，还应该考虑计算机各设备之间的兼容性，相互间的搭配是否合理等。如果某一个硬件性能很高，而其他的性能较低，计算机整体性能也会被拉后腿。

❖ 项目总结

通过对本项目的学习，学生可以识别计算机的外观及所包含的设备，并且能够识别出台式机、笔记本电脑和一体机的区别，掌握了选购计算机的原则和注意事项。

❖ 练习与实践

➤ 单选题

1. 下列设备中，哪个可以不用单独购买，而是由CPU集成的？（　　）

　　A. 内存　　　　　　　B. 显卡　　　　　　　C. CPU　　　　　　　D. 硬盘

2. 下列哪个设备是计算机的核心部件，被称为计算机的"大脑"？（　　）

　　A. CPU　　　　　　　B. 硬盘　　　　　　　C. 显卡　　　　　　　D. 内存

➤ 多选题

1. 现在市场上的硬盘类型有哪几类？（　　）

　　A. 机械硬盘　　　　　B. 虚拟硬盘　　　　　C. 固态硬盘　　　　　D. 永久硬盘

2. 目前市场上常见的计算机机型主要有哪几种？（　　　）

　　A. 平板电脑　　　　B. 台式机　　　　C. 笔记本　　　　D. 一体机

➤ **判断题**

1. 大家在购买计算机时不要考虑其他因素，只买最贵的。（　　　）

　　A. 对　　　　　　　B. 错

2. 台式机、笔记本电脑和一体机完全一样，大家可以随便购买。（　　　）

　　A. 对　　　　　　　B. 错

3. 选购计算机的渠道有网店购买和实体店购买。（　　　）

　　A. 对　　　　　　　B. 错

👆 **实训任务一**

识别计算机	
项目背景 介绍	目前拥有计算机的人很多，不管是笔记本电脑还是台式机，但是真正熟悉计算机的人却有限
设计任务 概述	识别计算机的外部结构，明确每个接口的功能
实训记录	
教师考评	评语： 辅导教师签字：＿＿＿＿＿＿

熟悉计算机行情	
项目背景 介绍	通过线上网店或线下实体店了解各种类型计算机的行情
设计任务 概述	（1）熟悉计算机中各配件的功能及价格行情 （2）熟悉笔记本电脑的配置及价格行情 （3）熟悉台式机的配置及其配件的价格行情 （4）了解一体机配置及价格行情
实训记录	
教师考评	评语： 辅导教师签字：_____

项目二

计算机配件的选购

▲ 项目导读

选购计算机配件是组装计算机的第一步，本项目主要讲述如何判断计算机各配件的性能，如何选购计算机配件，让读者了解如何在合理的价格买到令自己满意的计算机。

本项目的最后安排了实训任务——在线上按需求模拟选购计算机。

▲ 重点与难点

- 计算机各配件的性能指标
- 计算机各配件的型号及搭配
- 选购计算机各配件的要点
- 计算机硬件设备的测试

▲ 学习目标

- 熟悉计算机各配件的性能指标
- 熟悉计算机各配件的型号及搭配
- 熟悉选购计算机各配件的要点
- 了解计算机硬件设备的测试

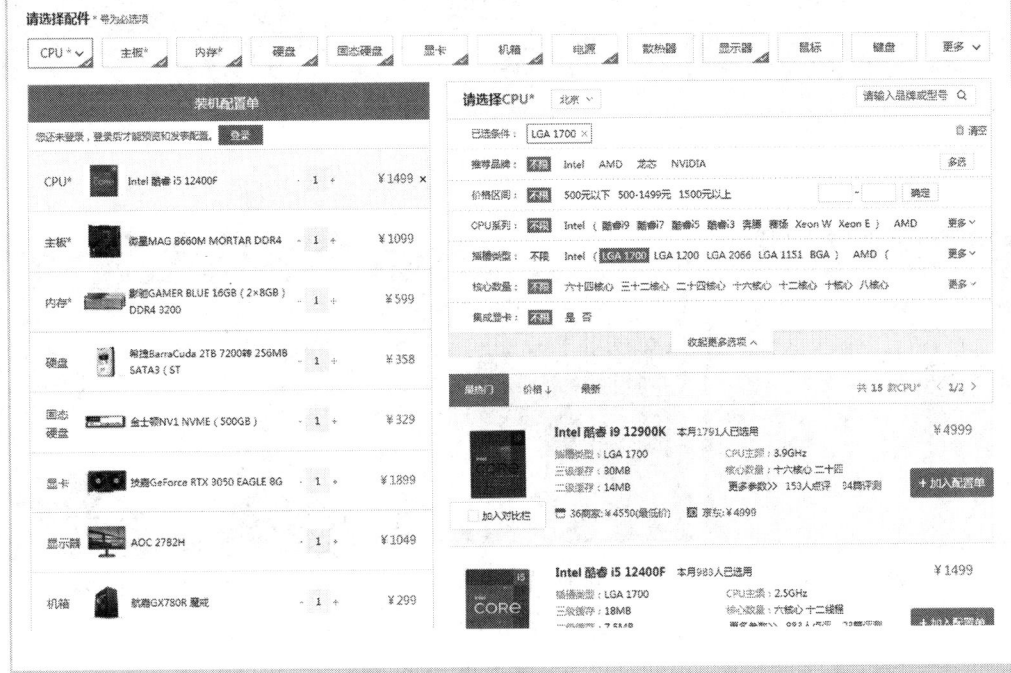

操作一 如何选购CPU

CPU是计算机中最重要的部件，也是在选购时首先要确定的配件。本操作将介绍计算机的核心配件CPU，从而让读者知道从哪些方面去判断CPU的性能。

✎ 任务一 认识CPU及CPU天梯图

1. 认识 CPU

中央处理器（CPU）是一块超大规模的集成电路，是计算机的运算核心和控制核心。目前个人计算机用的CPU主要是Intel和AMD的产品，样品如图2-1和图2-2所示。

| Intel处理器正面 | Intel处理器背面 | 安装到主板上的处理器 |

图2-1　Intel处理器

| AMD处理器正面 | AMD处理器背面 | 安装到主板上的处理器 |

图2-2　AMD处理器

2. 认识 CPU 天梯图

对比处理器的性能，通过搜索引擎可以查看最新的CPU天梯图，在天梯图中把两大CPU厂商的处理器按照性能高低做了一个天梯图。垂直方向越往上的产品性能越好，越往下的产品性能越差；水平方向越靠近中间，表示CPU越新。通过CPU天梯图可以直观地判断出哪款CPU好，图2-3是截止2022年2月的桌面版CPU天梯图，因篇幅有限，只截取了主要的部分。

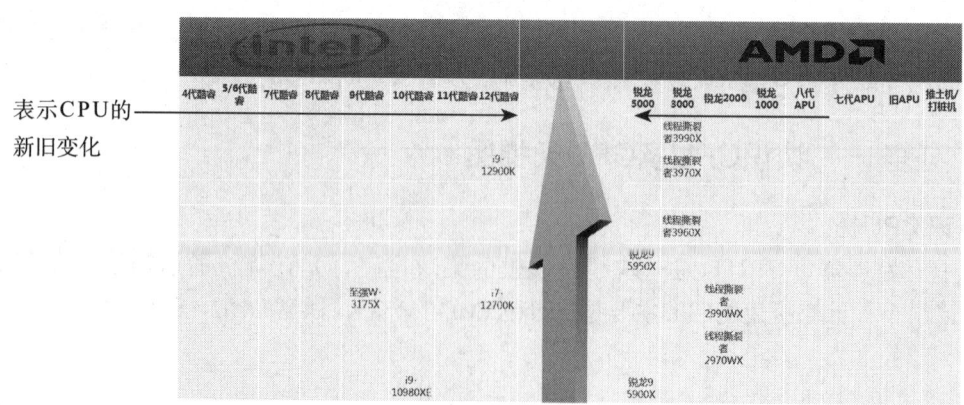

图2-3　CPU天梯图

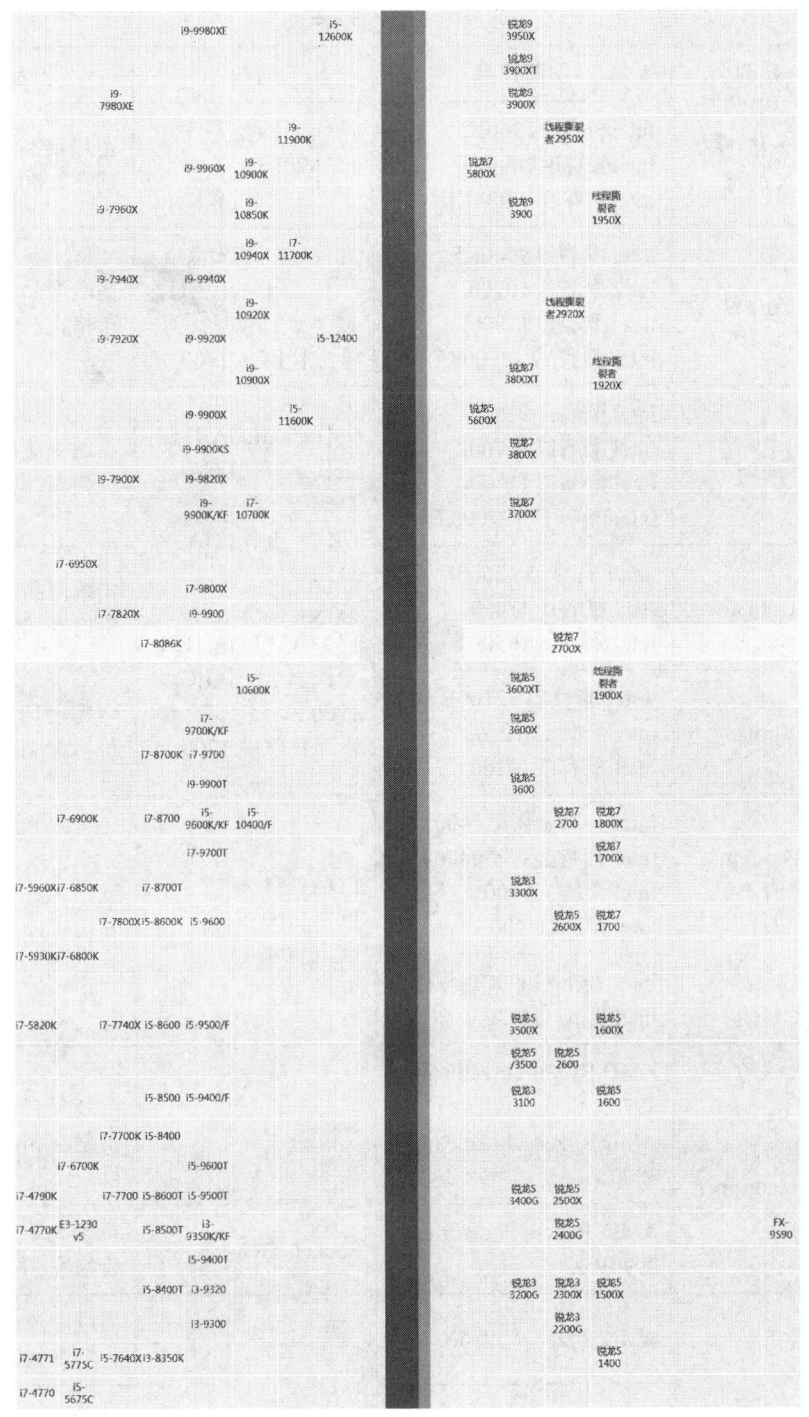

图2-3　CPU天梯图（续）

任务二　认识CPU产品

1. 认识市场主流产品

当前一些主流的CPU产品信息如表2-1所示。

表2-1　主流CPU产品

厂商	系列	主要产品	接口	产品定位
Intel	Intel酷睿X系列	Intel酷睿i9 7960X Intel酷睿i9 10940X Intel酷睿i9 10980XE	LGA2066	市场最高端产品，价格在4000~12000元
	Core i9	Intel 酷睿i9 9900KF Intel 酷睿i9 10900 Intel 酷睿i9 11900K Intel 酷睿i9 12900KF	九代LGA 1151 十代、十一代LGA 1200 十二代LGA 1700	高端产品 价格在3000~5000元
	Core i7	Intel 酷睿i7 9700 Intel 酷睿i7 10700K Intel 酷睿i7 11700 Intel 酷睿i7 12700KF	一代产品LGA 1156 二代、三代LGA 1155 四代、五代LGA 1150 六代、七代、八代、九代LGA 1151 十代、十一代LGA 1200 十二代LGA 1700	高端主流产品 价格在2000~3000元
	Core i5	Intel 酷睿 i5 12600K Intel 酷睿i5 11400 Intel 酷睿i5 10500		中端产品 价格在1000~2000元
	Core i3	Intel 酷睿 i3 12100F Intel 酷睿 i3 12100 Intel 酷睿i3 10100		中端产品 价格在600~1000元
	Pentium（奔腾）	Intel 奔腾金牌 G7400 Intel 奔腾金牌 G6400 Intel 奔腾 G5500 Intel 奔腾G4400	LGA1151、LGA1200、LGA1700	低端产品 价格在600元以下
	Celeron（赛扬）	Intel 赛扬 G6900T Intel 赛扬 G4930		
AMD	Ryzen（锐龙）Threadripper系列	AMD Ryzen ThreadRipper 3970X AMD Ryzen ThreadRipper 3990X	Socket sTRX4	市场最高端产品 价格在10000元以上
		AMD Ryzen Threadripper 2990WX	Socket TRX4	市场高端产品 价格在5000元左右
	Ryzen（锐龙）系列	AMD Ryzen 9 5900X	Socket AM4	高端主流产品 价格在3000~5000元
		AMD Ryzen 7 5800X		高端主流产品 价格在1000~3000元
		AMD Ryzen 5 5600G		中端产品 价格在1000~2000元
		AMD Ryzen 3 3200G		低端产品 价格在600~1000元

提示 计算机产品更新速度非常快，几乎每半年就有新的CPU推出市场。如果想了解最新的CPU产品，可以在中关村在线（www.zol.com.cn）平台查询，可以了解到最新的产品及相关功能。

2. 识别 CPU 的编号

Intel的i3、i5、i7已经发展到第12代。识别CPU属于第几代的方法：2至9代是看产品型号的4位数字中的第1个数字，10代至12代是看产品型号的五位数字中的前2个数字，第1代产品只有3位数字，如图2-4所示。

三位数字的是第一代

8表示第八代

10表示第十代

图2-4　识别Intel CPU属于第几代产品

CPU型号的后几位数字一般表示性能，同一系列同一代产品的CPU后几位数字越大性能越好。比如，i5-9600T的性能要好于i5-9500T。除此之外，CPU型号后面还有一些是带一二个字母的，也是区分CPU等级的标志，Intel处理器常见字母含义如表2-2所示。

表2-2 Intel处理器型号常见字母的含义

后缀	含义	解释
X	至尊版	代表同一代中最强的处理器
K	解锁版	即不锁倍频，性能更高，如i7-8700K要好于i7-8700
H	高压版	高电压的，常见于游戏本
U	低压版	节能省电，但性能降低，主频低，现在轻薄笔记本大部分后缀都带U
T	节能版	频率严重缩水，性能低
F	不集成显卡版	或KF，选购该CPU必须另外选购独立显卡
M	移动版	标准电压移动版，早期的笔记本电脑CPU都带M
无后缀	正常版	性能较高，但不可超频，是市场上最常见的产品

任务三 CPU性能参数

CPU的参数很多，下面主要介绍决定CPU性能的参数，性能参数的高低直接决定了计算机整体系统性能的高低，这也是大家在选购CPU时的重要依据。

1. CPU 主频

CPU主频也叫时钟频率，单位是兆赫（MHz）或吉赫（GHz），表示CPU运算和处理数据的速度。通常主频越高，CPU处理数据的速度就越快。目前台式机的CPU主频一般在3 GHz～5 GHz，笔记本电脑的CPU主频一般在3 GHz以内。

2. 动态加速频率和最大睿频

动态加速频率是指启动一个运行程序后，处理器会自动加速到合适的频率，而原来的运行速度也会提升10%～20%以保证程序流畅运行的一种技术。处理器应对复杂应用时，可自动提高运行主频以提速，这可轻松处理性能要求更高的多任务；当工作任务切换时，如果只有内存和硬盘在进行主要的工作，处理器会立刻处于节电状态。这样既保证了能源的有效利用，又使程序运行速度大幅提升。

Intel的睿频技术叫做TB（turbo boost），AMD的睿频技术叫做TC（turbo core）。

部分CPU型号最大睿频的数值会超过主频的数值，如i7、i9，这样的CPU会有更好的性能，最大睿频可以看成是最高主频。

3. 缓存

缓存可分为一级缓存（L1 Cache）、二级缓存（L2 Cache）和三级缓存（L3 Cache）。缓存大小是CPU的重要指标之一，缓存的结构和大小对CPU速度的影响非常大，CPU内缓存的运行频率极高，一般是和处理器同频运作，工作效率远远大于系统内存和硬盘。实际工作时，CPU往往需要重复读取同样的数据块，而缓存容量的增大，可以大幅度提升CPU内部读取数据的命中率，而不用再到内存或者硬盘上寻找，以此提高系统性能。

4. 核心数量

CPU将大规模并行处理器中的对称多处理器（SMP）集成到同一芯片内，各个处理器并行执行不同的进程。在不考虑其他因素影响的情况下，多核心意味着更好的整体性能，可以简单地理解为多核心处理器相当于将多个单核心处理器组合在一起。目前单核已过时，双核是基本要求，4核、6核、8核、10核、16核已经实现，已发布的最新产品可以达到20核以上。而AMD Ryzen ThreadRipper系列的CPU已达64核心。核心数量越多意味着性能越好。

5. 超线程

超线程技术是通过采用特殊的硬件指令，可以把两个逻辑内核模拟成两个物理芯片，在单处理器中实现线程级的并行计算，同时在相应的软硬件的支持下大幅度提高运行效能，从而实现在单处理器上模拟双处理器的效能。超线程可以理解成从一台机器配备一个工人变成一台机器配备两个工人。在核心数量相同的情况下，支持超线程的CPU比不支持超线程的CPU要好。

6. 制造工艺

CPU制造工艺是指集成电路内电路与电路之间的距离。小巧的集成电路板制造工艺意味着相同大小的空间内部可以容纳更多的电路，实现更多的功能及性能。现在以"nm"为单位，目前最新的技术已达到5 nm。集成电路板制造工艺的进步促进了CPU多核心的发展。

7. CPU 接口

CPU需要通过某个接口与主板连接才能工作。CPU经过多年的发展，采用的接口方式有引脚式、卡式、触点式、针脚式等。目前Intel主要采用触点式（LGA 1151、1200、1700、2066），AMD（Socket AM3、AM4、TRX4、sTRX4）早期采用的是针脚式，而现在的TRX4和sTRX4是采用触点式。CPU接口类型不同，其插孔数、体积和形状都有变化，所以不能互相接插。接口如图2-5所示，从左至右依次为LGA 1700、Socket AM4、Socket TRX4。

图2-5　CPU接口

任务四　主流CPU品牌及产品

目前CPU市场中的主流品牌有Intel系列和AMD系列，分别由Intel公司和AMD公司生产。每一个品牌都有不同型号的CPU，在选购CPU之前，一定要对各品牌的CPU有所了解，再根据需求进行选购。

1. Intel 主流 CPU 系列及产品

Intel是研发和生产CPU的最大电子公司之一，其产品深受广大用户的喜爱。目前主流

CPU产品有以下系列。

（1）X系列。

X系列是Intel市场上最高端的产品系列，桌面版目前是酷睿i9 X系列。新一代X系列扩展到至强处理器，将首次引入10 nm工艺，最多达80核心，终于超过AMD的64核心。该系列产品属于发烧级产品，价格昂贵，一般用户了解即可。

X系列常见的产品有Intel 酷睿i9 10980XE，如图2-6所示。酷睿i9 10980XE拥有14 nm的制作工艺，采用LGA 2066接口形式，主频3 GHz，最高睿频4.6 GHz，18核心36线程，三级缓存为24.75 MB。该系列其他产品有：Intel酷睿i9 10920X、Intel酷睿i9 10900X、Intel酷睿i9 10940X等。

图2-6　酷睿i9 10980XE

（2）酷睿i系列。

酷睿i系列是Intel在市场中的主流系列，现在已经发展到第12代酷睿技术。针对不同的用户群和不同的需求，该系列又分为酷睿 i3、i5、i7、i9系列。常见产品介绍如下。

①Intel酷睿i3－12100F，如图2-7所示。酷睿i3－12100F拥有10 nm制作工艺，采用LGA 1700接口形式，主频3.3 GHz，最高睿频4.3 GHz，4核心8线程，二级缓存和三级缓存分别为5 MB和12 MB。该系列其他产品有：Intel酷睿i3 12100、Intel酷睿i3 10105F、Intel酷睿i3 10100等，属于中低端产品。该系列的CPU建议使用B系列主板。

② Intel酷睿i5-12600K，如图2-8所示。酷睿i5-12600K拥有10 nm的制作工艺，采用LGA 1700接口形式，主频3.6 GHz，最高睿频4.9 GHz，10核心16线程，二级缓存和三级缓存分别为9.5 MB和20 MB。该系列其他产品有：Intel酷睿i5 12600KF、Intel酷睿i5 12400F、Intel酷睿i5 12400等，属于中端产品。该系列的CPU建议使用B系列主板。

图2-7　酷睿i3-12100 F

图2-8　酷睿 i5-12600K

③Intel酷睿i7－12700K，如图2-9所示。酷睿i7－12700K拥有10 nm的制作工艺，采用LGA 1700接口形式，主频3.6 GHz，最高睿频5 GHz，12核心20线程，二级缓存和三级缓存分别为12 MB和25 MB。该系列其他产品有：Intel酷睿i7 12700KF、Intel酷睿i7 12700、Intel酷睿i7 12700F、Intel酷睿i7 11700等，属于高端产品。该系列的CPU建议使用Z系列主板。

图2-9　Intel 酷睿 i7-12700K

④Intel酷睿i9-12900K，如图2-10所示。酷睿i9-12900K 拥有10 nm的制作工艺，采用LGA 1700接口形式，主频3.9 GHz，最高睿频5.2 GHz，16核心24线程，二级缓存和三级缓存分别为14 MB和30 MB。该系列其他产品有：Intel酷睿i9 12900KS、Intel酷睿i9 12900KF、Intel酷睿i9 11900K、Intel 酷睿 i9 12900等，属于高端产品，该系列的CPU建议使用Z系列主板。

图2-10　Intel酷睿 i9-12900K

（3）奔腾和赛扬系列。

奔腾和赛扬系列是Intel的低端产品系列，只能满足日常上网、办公和看电影。常见产品介绍如下。

①Intel奔腾金牌G6400，如图2-11所示。奔腾金牌G6400拥有14 nm的制作工艺，采用LGA 1200接口形式，主频4.0 GHz，不支持睿频技术，双核心四线程，二级缓存和三级缓

存分别为2 MB和4 MB。该系列其他产品有：Intel奔腾金牌G7400（新一代）、Intel奔腾金牌G6500、Intel奔腾G5500（不支持超线程技术）等，属于低端产品。该系列的CPU建议使用H系列主板。

图2-11　Intel 奔腾金牌 G6400

②Intel赛扬G6900，如图2-12所示。赛扬G6900拥有10 nm的制作工艺，采用LGA 1700接口形式，主频3.4 GHz，不支持睿频技术，双核心双线程，二级缓存和三级缓存分别为2.5 MB和4 MB。该系列其他产品有：Intel赛扬G5905、Intel赛扬G5900等，属于低端产品。该系列的CPU建议使用H系列主板。

图2-12　Intel 赛扬 G6900

2. AMD 主流 CPU 系列及产品

AMD公司是Intel公司最强大的竞争对手，在CPU市场同样占有一席之地。目前AMD主流CPU产品有以下系列。

（1）锐龙Threadripper系列。

锐龙Threadripper系列就是常说的线程撕裂者，属于AMD市场上最高端的产品系列，也是目前市场上最强的CPU，高达64核心，下一代系列将高达96核心。该系列产品同样属于发烧级产品，价格更昂贵，一般用户了解即可。

AMD Ryzen ThreadRipper 3990X，如图2-13所示。AMD Ryzen ThreadRipper 3990X
拥有7 nm的制作工艺，采用Socket sTRX4接口形式，主频2.9 GHz，最高睿频4.3 GHz，
64核心128线程，二级缓存和三级缓存分别为32 MB和256 MB。该系列其他产品有：
AMD Ryzen ThreadRipper Pro 3995WX、AMD Ryzen ThreadRipper 3970X、AMD Ryzen
Threadripper 2990WX等。

图2-13　AMD Ryzen ThreadRipper 3990X

（2）锐龙系列。

锐龙系列是AMD的主打系列，在桌面级平台一直和Intel的酷睿系列进行着角逐。与
Intel酷睿系列的命名类似，AMD的锐龙系列也分为3、5、7、9，同样是针对不同的用户
群和不同的需求设定的产品。该系列常见产品介绍如下。

① AMD Ryzen 3 3300X，如图2-14所示。AMD Ryzen 3 3300X 拥有7 nm的制作工艺，
采用Socket AM4接口形式，主频3.8 GHz，最高睿频4.3 GHz，4核心8线程，二级缓存和
三级缓存分别为2 MB和16 MB。该系列其他产品有：AMD Ryzen 3 3200G、AMD Ryzen 3
3100、AMD Ryzen 3 2200G等，属于中低端产品。该系列的CPU建议使用B4系列主板。

图2-14　AMD Ryzen 3 3300X

② AMD Ryzen 9 5950X，如图2-15所示。AMD Ryzen 9 5950X 拥有7 nm的制作工艺，
采用Socket AM4接口形式，主频3.7 GHz，最高睿频4.6 GHz，6核心12线程，二级缓存和

三级缓存分别为3 MB和32 MB。该系列其他产品有：AMD Ryzen 5 5600G、AMD Ryzen 5 5600、AMD Ryzen 5 3600等，属于中端产品。该系列的CPU建议使用B5系列主板。

图2-15　AMD Ryzen 5 5600X

③ AMD Ryzen 7 5700G，如图2-16所示。AMD Ryzen 7 5700G 拥有7 nm的制作工艺，采用Socket AM4接口形式，主频3.8 GHz，最高睿频4.6 GHz，8核心16线程，二级缓存和三级缓存分别为4 MB和16 MB。该系列其他产品有：AMD Ryzen 7 5800X3D、AMD Ryzen 7 5800X、AMD Ryzen 7 5800等，属于中高端产品。该系列的CPU建议使用B系列或X系列主板。

图2-16　AMD Ryzen 7 5700 G

④ AMD Ryzen 9 5950X，如图2-17所示。AMD Ryzen 9 5950X 拥有7 nm的制作工艺，采用Socket AM4接口形式，主频3.4 GHz，最高睿频4.9 GHz，16核心32线程，二级缓存和三级缓存分别为8 MB和64 MB。该系列其他产品有：AMD Ryzen 9 5900X、AMD Ryzen 9 3900X、AMD Ryzen 9 3950X等，属于高端产品。该系列的CPU建议使用X5系列主板。

图2-17 AMD Ryzen 9 5950X

任务五 CPU选购指南

在选购CPU时，一定要根据实际需求选购。若配置的计算机只是用于学习、处理文档、上网等操作，可以选性能稍微弱一些的CPU；若用于CAD制图、3D建模等工作，最好选性能较强的CPU。

1. 盒装 CPU 和散装 CPU

国内销售的处理器有盒装和散装的区分。

盒装CPU是CPU厂商正式在市面上发售的产品，散装处理器是由原始设备制造商（Original Equipment Manufacturer）流通到市场的散装芯片。需要注意的是，只有盒装CPU拥有厂商正式的保修权利。

扫码观看视频

>
> **提示**　盒装CPU一般享受全国三年联保，而且附带一个质量较好的散热风扇；散装CPU经销商一般质保一年。选择盒装产品让人更加安心，盒装产品能提供更长时间的质保，以及稳定的散热器。购买时要注意识别，市场上有一些散装CPU加上风扇后冒充盒装产品销售。

如何识别Intel的盒装产品呢？首先，确保盒子上的Batch#号与CPU上的一致；其次，通过"英特尔中国"微信公众号验证盒子上的序列号，如图2-18所示。

用微信扫序列码验证

Batch#后面的要与CPU上的一致

图2-18 识别Intel CPU盒装产品

进入公众号，点开【查真伪】菜单，找到【扫描处理器序列号】，然后扫描CPU包装盒上的产品序列号即可。注意，包装上的条码较多，选择有序列号字样的条码扫描。

扫描后，公众号会自动弹出查验结果，然后核对CPU上印刷的ULT号。ULT号是印刷在CPU表面的一组数字，比如CPU表面上的"03116"号和查询出的尾号一致，即代表验证通过，如图2-19所示。

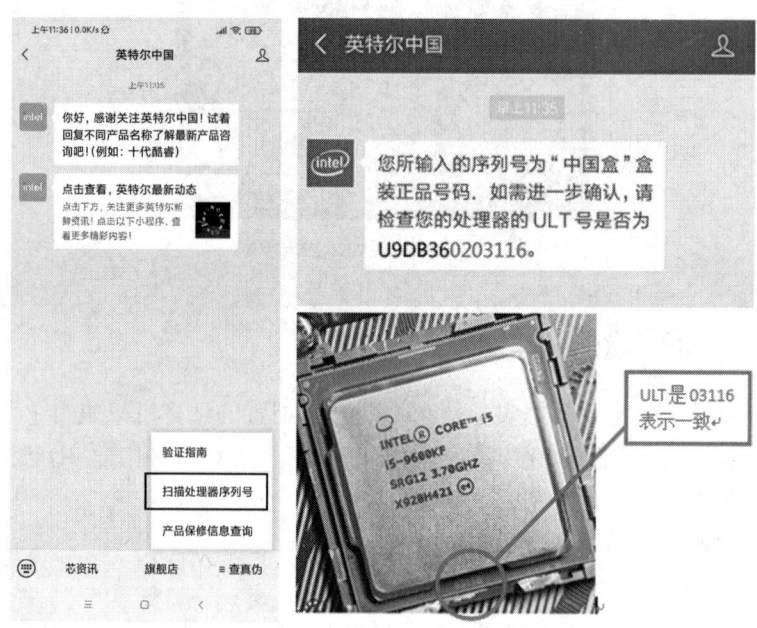

图2-19　通过微信识别Intel盒装CPU

查询AMD处理器的序列号相对简单，直接登录网址（https://www.amd.com/zh-hans/support/kb/faq/sn-lookup），输入序列号进行识别，具体如图2-20所示。

图2-20　通过互联网识别AMD盒装CPU

2. 选 Intel 还是 AMD 的 CPU

不管是从技术还是销量方面讲，Intel一直压制着AMD，但最近AMD推出的锐龙系列性价比高，已经有超越Intel的迹象。AMD产品的推出也促使了Intel产品的更新及降价。总的来说，Intel 技术方面更占优势，而AMD的产品更实在、性价比更高。

操作二 如何选购主板

主板安装在机箱内，是计算机最基本的也是最重要的部件之一。主板是连接整个计算机的中心，其他计算机配件都要直接或间接连接到主板上。主板的类型和档次决定着整个计算机系统的类型和档次，主板的性能也影响着整个计算机系统的性能。本操作将详细介绍主板，让读者认识主板，了解主板，并且知道如何选购主板。

任务一 认识主板的结构

主板一般为矩形电路板，上面安装了计算机的主要电路系统，一般包含各种插槽、BIOS芯片、I/O控制芯片、键盘与鼠标和面板控制开关的接口、指示灯插接件、主板及插卡的直流电源供电接口等元件。

主板的整体结构如图2-21所示。

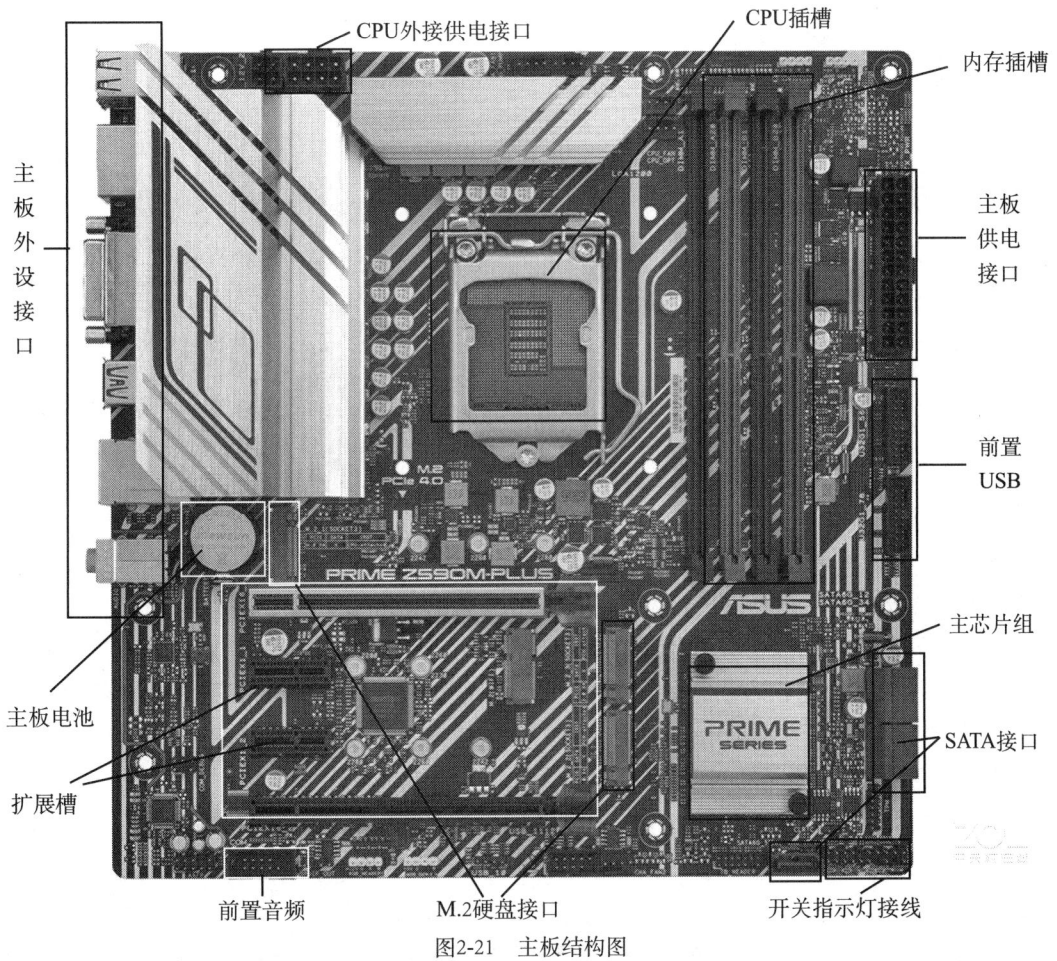

图2-21 主板结构图

任务二　主板的性能参数

主板的参数很多，熟悉主板的性能参数是选好主板的前提。下面主要介绍主板的几个重要性能参数，这些是选购主板的重要依据。

1. 主板芯片组

主板芯片组（Chipset）是主板的核心组成部分，是CPU与周边设备沟通的桥梁。对于主板而言，芯片组是主板的灵魂，几乎决定了这块主板的功能，进而影响到整个计算机系统性能的发挥。芯片组性能的优劣决定了主板性能的好坏与级别的高低。CPU的型号与种类繁多，功能特点不一，如果芯片组不能与CPU良好地协同工作，将严重地影响计算机的整体性能，甚至不能正常工作。

目前主流芯片组的厂商主要有Intel和AMD两家。Intel芯片组只能支持Intel的CPU，同样，AMD芯片组也只能支持AMD的CPU，在选购时千万不能搞错，主板芯片组具体型号如图2-22所示。

主芯片组：	不限	Intel	（Z690	Z590	Z490	Z390	B660	B560	B460	B365	H610	H510	H370	B360	H410	H310	Z370	收起 ∧
			X299	Z270	B250	H270	Z170	B150	H170	H110	C232	X99	Z97	B85	H81	其它）		
		AMD	（TRX40	X570	X470	A520	B550	B450	X399	A320	B350	X370	A88X	A85X	A68H	970	收起 ∧
			990FX	A78	A58）													

图2-22　主板芯片型号

芯片组型号都是由字母加数字构成，识别芯片组的方法如下所述。

Intel芯片组：X299 Z690 B660 H610

第一个字母表示档次。

　　X系列：是市场上最高端的产品，配合i9 X系列的CPU使用，接口是LGA 2066。

　　Z系列：属于高端产品，建议配合i9普通版和i7的CPU使用。

　　B系列：属于中等产品，建议配合i5和i3的CPU使用。

　　H系列：属于低端产品，建议配合奔腾和赛扬的CPU使用。

　　C系列：属于服务器级产品，一般配合Xeon的CPU使用。

第二位数字表示第几代产品。

　　6XX系列：表示最新的第6代产品，配套最新的12代CPU使用，接口是1200。

　　4XX和5XX系列：表示第4代和第5代产品，配套10代和11代CPU使用，接口是1200。

　　1XX至3XX系列：表示第1代到第3代产品，配套6代到9代CPU使用，接口是1151。

　　8X至9X系列：表示早期的产品，配套早期的4代和5代CPU使用，接口是1150。

后两位数字表示产品的等级性能，数字越大性能相对越好。

AMD芯片组：TRX40 X399 X570 B550 A520

　　TRX40：表示最高端的产品，配套第3代Ryzen Threadripper CPU使用，接口是Socket sTRX4。

　　X399：属于高端产品，配套第1代和第2代Ryzen Threadripper CPU使用，接口是Socket TR4。

　　X系列、B系列、A系列：分别属于高、中、低端产品，接口都是Socket AM4，一般X系列配Ryzen9或Ryzen7 CPU，B系列配Ryzen5 CPU，A系列配Ryzen3 CPU。

2. CPU插槽

　　CPU插槽是连接CPU和主板的纽带，不同型号的主板CPU插槽也不同，支持的CPU也会不同，因此，在选购CPU时必须选购带有与之相对应插槽的主板。本操作中的任务一已详细讲解了什么型号的CPU插槽搭配什么CPU，在此就不赘述。CPU的插槽如图2-23所示。

图2-23　CPU插槽

3. 内存插槽

　　内存插槽一般在CPU旁边。主流主板一般都会提供2个或4个内存插槽，而市场上最高端的主板会提供8个内存插槽，所插入的内存条都通过正反两面的金手指与主板连接。内存插槽如图2-24所示。

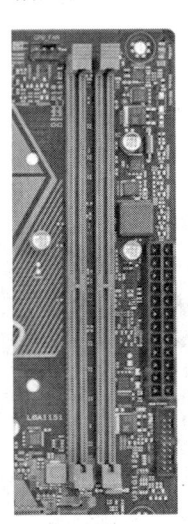
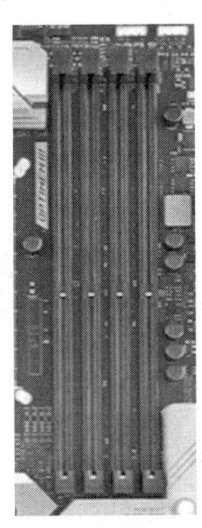

2个插槽　　　　　　　4个插槽　　　　　　　　8个插槽

图2-24　内存插槽

4. 扩展插槽

　　扩展插槽是主板上用于固定扩展卡并将其连接到系统总线上的插槽，也叫扩展槽。扩展槽是一种添加或增强计算机性能及功能的方法。例如，若不满意主板整合显卡的性能，可以添加独立显卡以增强显示性能。随着技术的更新，目前主板上的扩展槽只保留了PCI Express接口。具体如图2-25所示。

图2-25　扩展插槽

PCI Express接口：简称PCI-E，相对于传统PCI总线连接，PCI-E能提供更高的传输速率和质量。PCI-E的接口根据总线位宽不同而有所差异，分为X1、X4、X8以及X16。但实际上，PCI-E X1和PCI-E X16已成为PCI-E的主流规格。PCI-E X16主要用来连接显卡，而PCI-E X1则可以代替PCI连接各种设备，前提是连接的设备有PCI-E X1接口。

此外，较短的PCI-E卡可以插入较长的PCI-E插槽中使用，PCI-E接口还能支持热拔插，这也是个不小的飞跃。

PCI-E 3.0和PCI-E 4.0的传输带宽更大，X1分别为1 GB/s和2 GB/s，X16分别为16 GB/s和32 GB/s。

5. 存储接口

主板存储接口主要有SATA和M.2两种，主要用来连接机械硬盘和固态硬盘。随着用户对高速以及小型化存储设备需求的日益增加，主板存储接口已经由传统的SATA接口转变为M.2接口。具体如图2-26所示。

图2-26　存储接口

6. 电源接口

主板上的电源接口主要有24 pin（给主板供电）和8 pin（给CPU供电）两种，具体如图2-27所示。

24 pin电源接口

8 pin电源接口

图2-27 电源接口

7. I/O 接口

I/O接口是指主板外设接口，主要用来连接一些输入输出设备。不同型号的主板所提供的接口不相同。I/O接口如图2-28所示。

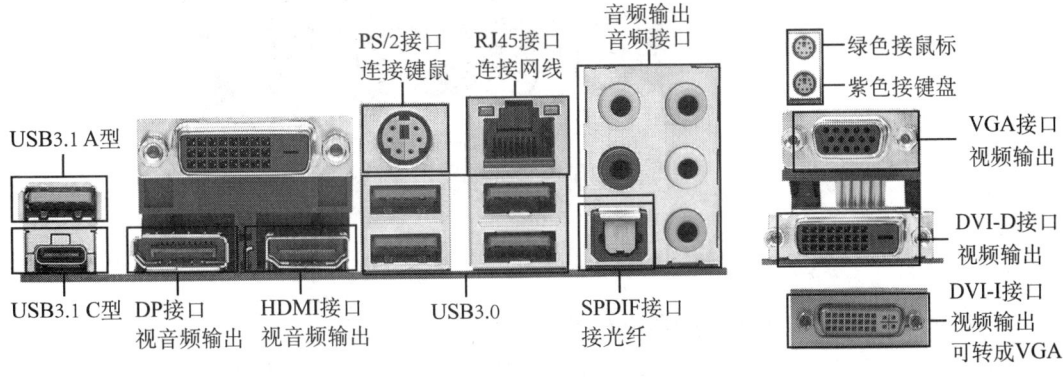

图2-28 I/O接口

USB 2.0的接口一般为黑色；USB 3.0的接口一般为蓝色；USB 3.1的接口颜色有淡蓝的，还有红色的，目前不是很统一，因此通过标识来区别接口更保险。

任务三 主板选购指南

目前，市场上的主板生产厂商和品牌种类非常多，功能各不相同，质量也参差不齐，价格相差也很大。大家在选购主板时需要注意一些问题。首先，要了解主板的结构（主要看芯片组），确保和CPU的接口相匹配，档次最好也一致，这样能确保计算机性能达到最大化；其次，看主板的内存规格、扩展插槽、I/O接口、板型结构、供电情况等方面是否符合自己的要求；最后，尽量购买主流品牌，比如华硕、微星和技嘉等品牌。主流品牌在产品的设计、用料、做工、产品质量监督管理等方面都会严格把关，它们的售后服务也相对完善。

操作三 如何选择内存条

在计算机的组成结构中，内存是一个很重要的部分，内存容量的大小影响着整台计算机的运行速度。增加内存容量是很多人升级旧计算机经常采用的一种方法。本操作将介绍内存条，让读者知道如何去判断和选购内存条。

任务一 认识内存条

内存条是CPU通过总线寻址并进行读写操作的计算机部件。通常所说的计算机内存大小是指内存条的总容量。如图2-29所示，长的是台式机内存条，短的是笔记本内存条。

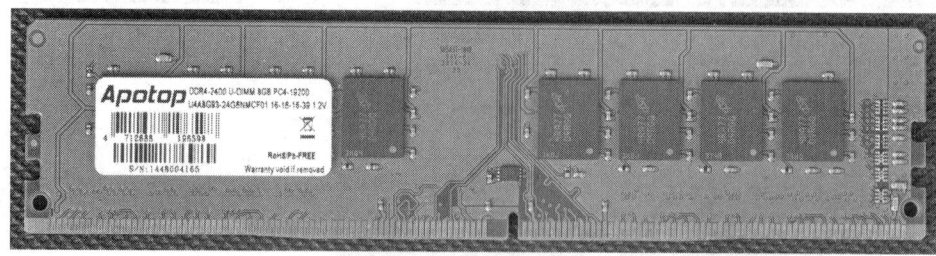

图2-29 内存条

内存条是计算机必不可少的组成部分，所有外存上的内容必须通过内存才能发挥作用。平常使用的程序，如Windows、Linux等系统软件，包括打字软件、游戏软件等在内的应用软件，虽然把包括程序代码在内的大量数据都放在磁盘等外存设备上，但外存中的任何数据只有调入内存中才能真正使用。

简单来说，内存的速度和容量影响整个计算机的运行。

任务二 内存条的分类

内存条更新换代很多次了，现在市场上主流的内存是DDR5和DDR4，还有少量的

DDR3和DDR2供应。

DDR2内存：这种类型的内存条只有旧计算机上才能找到，主要型号有DDR2-800，也称PC2-6400，等效的工作频率是800 MHz，软件显示为400 MHz，6400 MB/s的带宽，针脚为240针。

DDR3内存：属于逐渐淘汰的型号，主要型号有DDR3-1333（PC3-10600）、DDR3-1600（PC3-12800），针脚同样为240针，但是缺口位置不同。

DDR4内存：这种类型是目前的主流内存，主要型号有DDR4-2133、DDR4-2400、DDR4-3000，DDR4-3200、DDR4-3400、DDR4-3600、DDR4-4000。带宽＝频率×数据宽度/8，针脚为288针。

DDR5内存：这是目前最新的内存，具有两倍于DDR4内存的性能，DDR5内存起步频率为4800 MHz，型号主要有DDR5-4800、DDR5-5200，目前支持DDR5内存的机型仅有12代酷睿系列，针脚同样为288针，但是引脚布局和设计与DDR4有所不同，两者互不兼容。

DDR的内存都采用了在时钟上升/下降的同时进行数据传输的基本方式，所以等效频率都要×2。内存检测效果如图2-30所示。

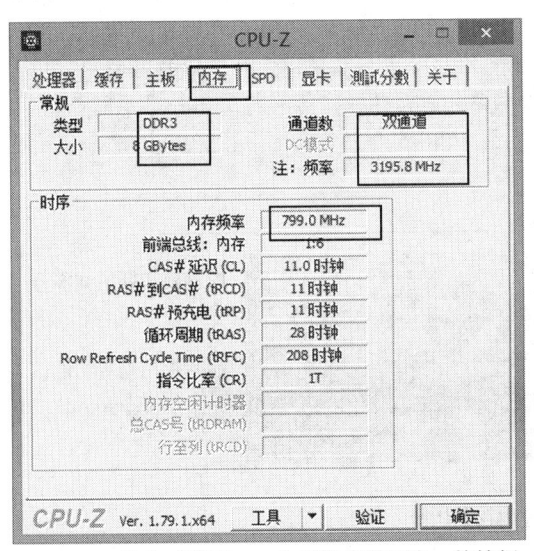 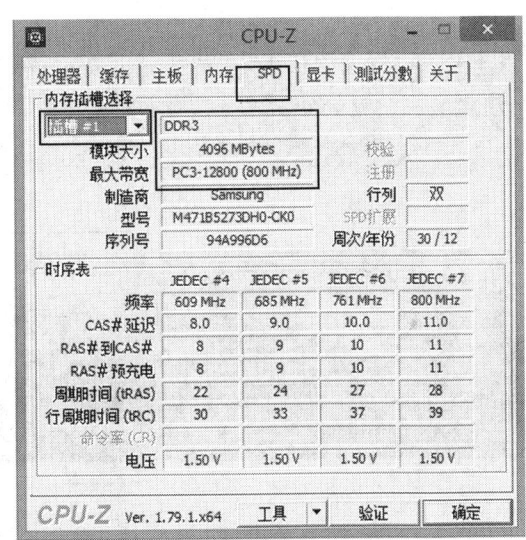

799.0 MHz是实时频率，一个周期传送两次，等效频率*2，内存型号标为1 600 MHz（取整）。

双通道，等效频率*2，得到3 195.8 MHz（实时）。

800 MHz是标准频率。

12 800是内存带宽。

图2-30　内存条频率说明

任务三　内存条的性能参数

内存对整机的性能影响很大，内存条的性能速度主要取决于两方面：数据宽度和工作频率。

数据宽度：也叫位数或位宽，指的是内存条一次输入/输出的数据量，类似公路的宽度，越宽的公路交通承受力越强。目前市场上的内存条都是64位（8个字节）的。

工作频率：指内存所能稳定运行的最大频率，也就是每秒工作的周期数，或者说读写的次数。很明显，频率越高速度相对越快。

带宽：内存条每秒读写数据的总量，可以真实反映内存条的工作能力。

带宽=数据宽度×工作频率/8，由于数据宽度都一样，所以频率越高带宽就越大。

工作频率单位是兆赫兹（MHz），目前主流工作频率是DDR4-2400 MHz、DDR4-3000 MHz，DDR4-3200 MHz。随着技术的发展，工作频率越来越高，但选择的时候要注意根据CPU和主板支持的频率来选择。

容量：理论上，内存条总的容量越大越好。目前基本要求是8 GB，但16 GB已经成为主流容量了。

为了提升内存条的性能，现在使用的都是双通道及多通道技术。

传统的内存条是单通道的，即不管安装几根内存条都只是单纯的增加容量，在某一时刻仍然只有一根内存条在工作，即带宽是固定的。

双通道技术是让两根内存条同时工作，两根内存一起用不仅增加容量，而且使数据宽度加倍，带宽也就加倍了。现在大部分计算机都支持双通道，所以装两根内存条的比一根的运行速度要快。

注意　为了保证计算机的稳定性，使用双通道或多通道的尽量使用完全相同的内存条。

组成多通道时，一般情况下主板上相同颜色的内存插槽为一组，如果不是同色的，内存条要在插槽间隔开才能插，如图2-31所示。

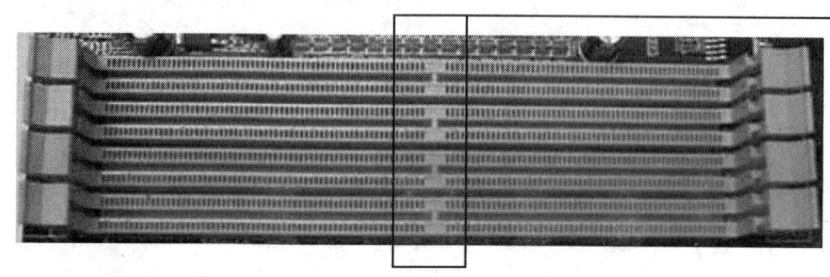

内存要在插槽间隔开
才能插。
插四根也是双通道。
插槽中间有防呆设计。

图2-31　双通道内存条插槽

任务四　内存选购指南

内存的好坏会直接影响计算机的运行速度和稳定性，因此，在选择内存时一定要慎重。

1. 购买内存应注意频率要与主板所支持的同步

选购前先确定计算机支持什么型号的内存条，CPU和主板对内存的频率和容量都有限制，可以通过说明书了解或上网查询。图2-32中的主板只能选购DDR4-2133 MHz到DDR4-2666 MHz频率的内存。

内存规格

内存类型 ⓘ	2×DDR4 DIMM
最大内存容量	32GB
内存描述 ⓘ	支持双通道DDR4 2666/2400/2133MHz内存

图2-32　主板内存规格

2. 添加内存应注意新旧内存的兼容

计算机添加内存，最好购买和计算机上已装内存条的品牌、类型、频率都相同的内存条。一般通过拆机查看或通过软件检测。

3. 尽量使用双通道或多通道

双通道或多通道内存可以通过两个或多个64bit内存控制器来改变内存控制的方式，从而实现内存带宽的提升。

4. 尽量购买盒装内存条

盒装内存条与散装内存条的功能差不多，但质量有区别。一般来说，盒装可以保证是原装货，盒装有包装、封条和防伪说明，通过官方网站能查询和识别真伪。盒装内存条如图2-33所示。

图2-33　盒装内存条

5. 笔记本内存条和台式机内存条不通用

笔记本内存条和台式机内存条的尺寸和针脚数都不相同。笔记本内存要短些，内存针脚一般只有144 Pin和200 Pin；而台式机内存要长很多，常用的内存针脚有240 Pin和288 Pin。这两种内存不通用，千万不能买错。

操作四　如何选购硬盘

硬盘是计算机的主要存储设备之一，存储容量大，平常使用的操作系统和应用软件都需要安装到硬盘里才能正常使用。本操作将介绍计算机的数据仓库——硬盘，让读者知道如何去判断硬盘的性能，并选购到适合计算机的硬盘。

 任务一　认识硬盘

硬盘属于存储器，操作系统、软件、资料等数据基本上都存放在硬盘中。硬盘可以长久地保存数据，具有断电不丢失数据的特性。

硬盘可分为固态硬盘（SSD盘，新式硬盘）、机械硬盘（HDD盘、传统硬盘）、混合硬盘（HHD盘，一块基于传统机械硬盘诞生出来的新硬盘）。

固态硬盘采用闪存颗粒来存储；机械硬盘采用磁性碟片来存储；混合硬盘是把磁性硬盘和闪存集成到一起的一种硬盘。

固态硬盘和机械硬盘内部结构是有差别的，如图2-34所示。

SATA接口的机械硬盘　　　　　　　　　　SATA接口的固态硬盘

图2-34　硬盘结构

 ## 任务二　硬盘的性能参数

熟悉硬盘的性能参数是选好硬盘的重要前提。机械硬盘和固态硬盘性能参数有些不同，下面主要介绍硬盘的几个重要参数，这些是选购硬盘的重要依据。

1. 大小

经过多年发展，硬盘的尺寸大体上有以下几种。

3.5英寸硬盘，广泛用于各种台式计算机中。

2.5英寸硬盘，广泛用于笔记本电脑、桌面一体机、移动硬盘及便携式硬盘播放器中。

1.8英寸微型硬盘，广泛用于超薄笔记本电脑、移动硬盘及苹果播放器中。

1.3英寸微型硬盘，产品单一，是三星独有的技术，仅用于三星的移动硬盘。

1.0英寸微型硬盘，又称微硬盘（MicroDrive，简称MD），广泛用于单反数码相机。

0.85英寸微型硬盘，是日立独有技术，目前知道的是用于日立的一款硬盘手机。

2. 容量

硬盘容量是硬盘最主要的参数之一。硬盘的容量以MB（百万字节）、GB（十亿字节）、TB（万亿字节）为单位。常见的换算式为：1 TB = 1024 GB；1 GB = 1024 MB；1 MB = 1024 KB；1 KB = 1024 B。

 注意　　硬盘厂商通常使用的换算式为：1 TB = 1000 GB；1 GB = 1000 MB；1 MB = 1000KB；1 KB = 1000 B。Windows系统依旧以1024换算，因此我们看到的硬盘容量会比厂家的标称值要小。厂商标的1 GB在系统中大约只有0.93 GB。

3. 单碟容量

对于机械硬盘，硬盘的技术指标还包括硬盘的单碟容量。所谓单碟容量是指硬盘单片盘片的容量，单碟容量越大，单位成本越低，平均访问时间也越短。所以同容量的机械硬盘，碟片少的一般要快些。

一般情况下，硬盘容量越大，单位字节的价格就越便宜，但是超出主流容量的硬盘除外。目前主流容量2 TB比1 TB的只贵一点，但容量翻倍。

4. 转速

机械硬盘的速度会受到转速的影响。

转速是硬盘内电机主轴的旋转速度，也就是硬盘盘片在1分钟内所能完成的最大转数。硬盘的转速越快，硬盘寻找文件的速度也就越快，硬盘的传输速度相对也就越快。硬盘转速以每分钟多少转来表示，单位是RPM（转/每分钟）。

台式机的机械硬盘的转速主要是5 400 RPM和7 200 RPM，7 200 RPM的优于5 400 RPM的。笔记本电脑硬盘的转速则是以4 200 RPM和5 400 RPM为主。服务器使用的SCSI硬盘转速基本都采用10 000 RPM，甚至还有15 000 RPM的，其性能比家用产品强很多。

5. 传输速率

硬盘数据传输速率是指硬盘读写数据的速度，单位为MB/s（兆字节每秒），包括了内部数据传输率和外部数据传输率。

内部传输率也称为持续传输率，它反映了硬盘缓冲区未用时的性能。一般转速快、碟片少的内部传输率相对较高。

外部传输率也称为突发数据传输率或接口传输率，它指的是系统总线与硬盘缓冲区之间的数据传输率，外部数据传输率与硬盘接口类型有关。

6. 缓存

缓存是硬盘控制器上的一块内存芯片，具有极快的存取速度，它是硬盘内部存储和外界接口之间的缓冲器。缓存的大小直接关系到硬盘的传输速度，它能大幅提高硬盘的整体性能。

7. 接口

机械硬盘接口一般为SATA接口，SATA目前有三种规格：SATA1、SATA2和SATA3，速度分别是1.5 GP/s、3 GP/s和6 GP/s。机械硬盘的内部速度一般在100 MB/s左右。机械硬盘接口如图2-35所示。

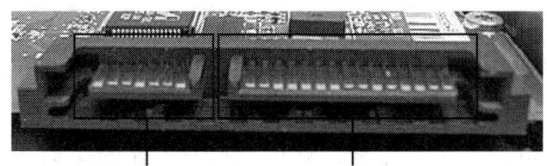 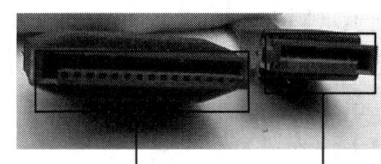

SATA数据线接口　　　　SATA电源接口　　　　　　　　SATA电源接口　　　　SATA数据线接口

图2-35　机械硬盘接口

固态硬盘的接口一般有三种：SATA接口、M.2接口和PCI-E接口。M.2接口是当前的主流接口，速度要比SATA接口快很多。PCI-E接口的固态硬盘属于企业级硬盘，价格较贵。固态硬盘接口如图2-36所示。

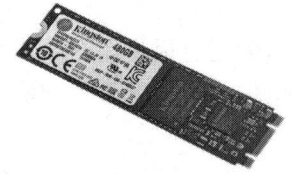

SATA接口固态硬盘　　　　　M.2接口固态硬盘　　　　　PCI-E接口固态硬盘

图2-36　固态硬盘接口

 任务三　硬盘选购指南

　　硬盘是计算机中非常重要的存储设备，用户所有的处理数据都是从硬盘中读出的，硬盘的速度也是决定整个计算机运行速度的一个重要方面。很多旧的计算机可以通过加固态硬盘来提升计算机的速度。因此，硬盘的选购非常重要。

　　选购硬盘除了关注硬盘的品牌、速度、缓存等参数外，更重要的是要确定硬盘类型。普通家用的计算机建议选购一块SATA固态硬盘（存储的数据不多时）或一块机械硬盘（存储的数据较多时）。如果工作中经常要使用一些大型软件，则可以选购一块大容量的M.2接口的固态硬盘或一块中等容量的M.2接口的固态硬盘再加一块大容量的机械硬盘。

> **注意**　特别强调一下，硬盘有价，数据无价。保护好硬盘是很重要的事情。机械硬盘要特别注意防震，要注意控制环境温度，防止受潮湿和磁场的影响。

操作五　如何选购显卡

　　显卡又称为显示适配器或图形加速卡，其作用就是控制计算机的图形输出。本操作将介绍计算机图形处理的核心配件——显卡，从而让读者知道如何判断显卡的性能。

 任务一　认识显卡

　　显卡（Video card，Graphics card）全称是显示接口卡，是计算机最基本且最重要的配件之一。显卡作为计算机主机里的一个重要组成部分，是计算机进行数模信号转换的设备，承担输出显示图形的任务。

　　显卡接在计算机主板上，它将计算机的数字信号转换成模拟信号，让显示器显示出来，同时显卡还具有图像处理能力，可协助CPU工作，提高计算机整体的运行速度。在科学计算中，显卡被称为显示加速卡。

任务二　显卡的分类

　　目前，显卡主要分为集成显卡、核心显卡、独立显卡。

1. 集成显卡

集成显卡是将显示芯片、显存及其相关电路都集成在主板上，将其融为一体的元件。集成显卡的显示芯片有单独的，但大部分都集成在主板的北桥芯片中，现在这种集成显卡基本不使用了。目前使用的集成显卡是和CPU整合在一起，也叫作核心显卡。

集成显卡的优点：功耗低、发热量小，部分集成显卡的性能已经可以媲美入门级的独立显卡，可以不用花费额外的资金购买独立显卡。

集成显卡的缺点：性能相对较低，且固定在主板上，无法单独更换。如果必须更换，就只能换主板。

2. 核心显卡

核心显卡和以往的显卡设计不同，它是将图形核心与处理核心整合在同一块基板上，构成一个完整的处理器。它大大缩减了处理核心、图形核心、内存及内存控制器间的数据周转时间，有效提升了处理效能并大幅降低了芯片组的整体功耗，有助于缩小核心组件的尺寸，为笔记本、一体机等产品的设计提供了更大的选择空间。

核心显卡的优点：低功耗是核心显卡最主要的优势，而且可以完全满足普通用户的需求。

核心显卡的缺点：配置核心显卡的CPU通常价格不高，无法满足特殊使用人群的需求。

集成显卡和核心显卡都是由主板的I/O接口提供输出接口，接口如图2-37所示。

图2-37　主板上的显卡接口

3. 独立显卡

独立显卡是指将显示芯片、显存及其相关电路单独做在一块电路板上，自成一体，是独立存在的板卡，它需占用主板的扩展插槽（现在主要是PCI-E）。独立显卡如图2-38所示。

图2-38　独立显卡

独立显卡的优点：单独安装并自带显存，一般不占用系统内存；在技术上也比集成显卡先进很多，性能强于集成显卡，而且容易进行显卡的硬件升级。

独立显卡的缺点：系统功耗有所增加，发热量也较大，需要额外花费资金购买显卡，而且需要占用更多的机箱空间。

不同性能的显卡要求不一样。独立显卡实际上分为两类，一类是为绘图和3D渲染专业设计的显卡，一类则是为游戏设计的娱乐显卡。

任务三　认识显卡天梯图

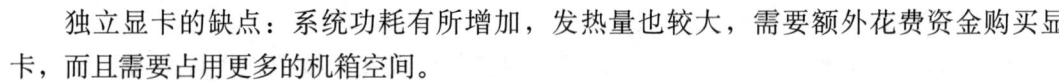

计算机硬件市场上，独立显卡主要分为NVIDIA和AMD两大类型，也就是所谓的N卡和A卡。这两大类型的显卡又分为多种型号和品牌，如何去辨别所选购的显卡性能好坏呢？首先学会看显卡天梯图，显卡的天梯图和CPU的天梯图一样。通过显卡天梯图可以清晰地看到，天梯图最上方的显卡型号表示显卡的性能最高。图2-39是目前最新的显卡天梯图的部分截图。

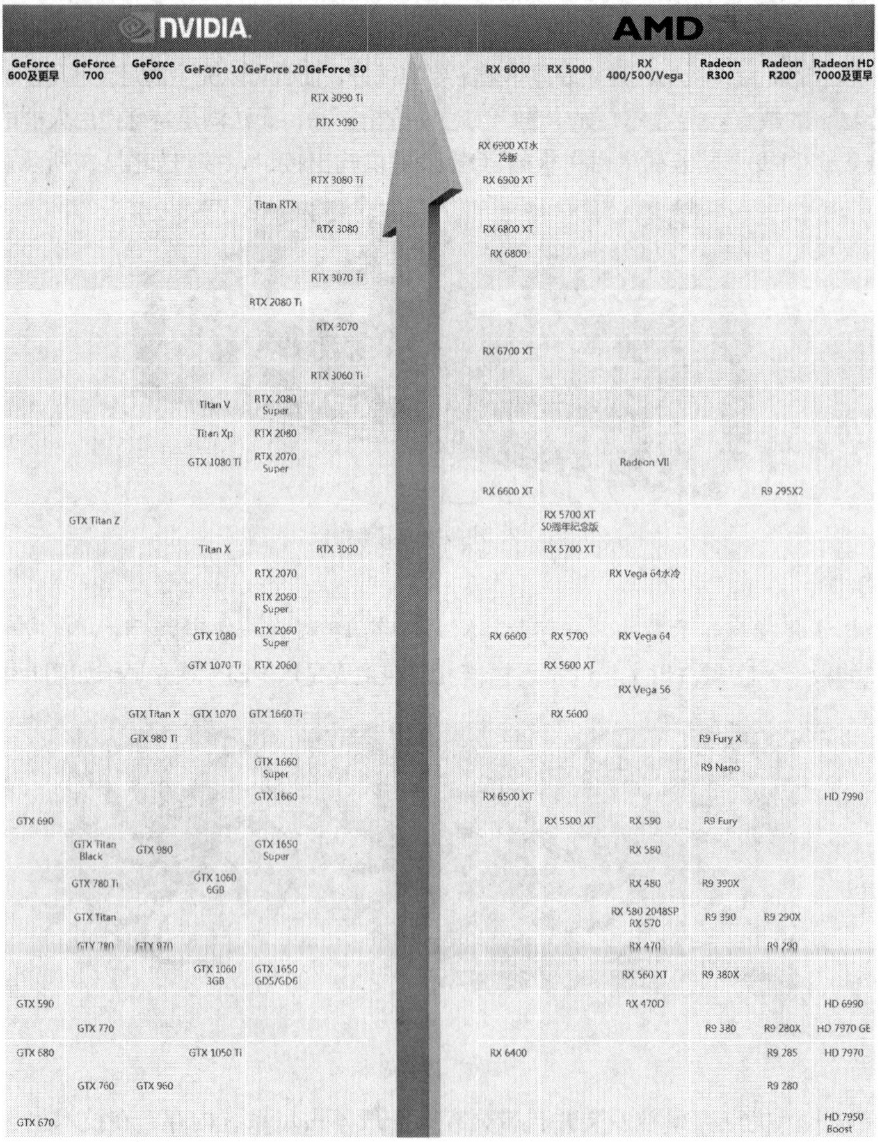

图2-39　显卡天梯图

任务四 显卡的主要性能参数

1. 显示芯片

显示芯片（Graphic Processing Unit，简称为GPU），即图形处理器，显示芯片是显卡中最为重要的芯片，就像计算机中的CPU作用一样，它直接协调着显卡的数据处理和显卡与其他部件的工作，其性能的好坏直接决定了显卡性能的好坏。目前显示芯片主要有NVIDIA和AMD两种产品，当前主流显示芯片型号如图2-40所示。

显卡芯片： 不限 NVIDIA （RTX 3090 RTX 3080Ti RTX 3080 RTX 3070Ti RTX 3070 RTX 3060Ti RTX 3060 RTX 3050 RTX 2080Ti

AMD （RX 6900 XT RX 6800 XT RX 6800 RX 6700 XT RX 6600 XT RX 6600 RX 6500 XT RX 5700 XT . RX 5700

图2-40　主流显示芯片型号

显示芯片的型号也是由字母加数字构成，主流显示芯片的型号具体说明如下。

NVIDIA显示芯片说明：RTX 3090　RTX 3080Ti　RTX 2080 SUPER　RTX 2080M

第一部分的字母表示档次：RTX为高端版，GTX以前算高端版，目前只能算中端版，GT为低端版。

第二部分是前2位数字：表示第几代，数字30表示目前最新的产品。

第三部分是后2位数字：表示性能等级，数字越大性能越好，70～90为高性能，40～60为中性能，10～30为低性能。

最后面的后缀Ti表示高速加强版，性能要比同系列其他版本强一些；后缀SUPER表示超级版，但性能要比带Ti的差一点；M表示移动版。

AMD显示芯片说明：RX 6900XT　RX 6800　R9 390　R7 240　RX 5600M

第一部分的字母表示档次：RX为高端版，R9以前算高端版，目前只能算中端版，R7/5为低端版。

第二部分是前1位数字：表示第几代，6900为目前最新的产品型号。

第三部分是后3位数字：（早期为2位数字）表示性能等级，数字越大性能越好。

最后面的后缀XT或X表示高速加强版，性能要比同系列其他版本强一些；M表示移动版。

2. 显存

显存也叫显示内存，显存容量对显卡的性能影响是比较明显的。显存的性能要考虑三个方面。

显存的类型：其实主要是了解它的频率。目前主流的是GDDR6X和GDDR6的显存，GDDR6X比GDDR6的频率高。另外，同类型的显存，频率也会有差别，所以看频率的数值更保险。

显存的位宽：即显存一次传送的数据量。目前，64位是最低的，中等的一般是128位的，比较好的一般在1 024位以上，AMD目前最高的是4 096位，以后将会更高。

显存的容量：一般人认为是越大越好，但实际上并不是。若显存容量达到一定数值后，即使再增加容量，显卡的性能也几乎没有任何提升，所以显存容量够用就好。

3. 显卡的接口

显卡接口主要分为连接主板的接口和连接输出设备的接口。

连接主板的接口主要用PCI-E接口，如图2-41所示。

图2-41 显卡与主板连接的PCI-E接口

连接输出设备的接口主要有VGA、DVI、HDMI、DP等。

在显卡的输出接口中，VGA是模拟接口，DVI是数字接口，两者都只能传视频。与VGA相比，DVI在高分辨率下画面更加细腻，而且不容易受信号干扰。这两种接口的分辨率均可达到1920*1080（2K），虽然理论上可以更高，但不建议使用。

HDMI和DP接口都是可以同时输出视频和音频信号的接口。HDMI可以支持3840*2160（4K）的分辨率，DP支持的分辨率则可以达到7680*4320（8K），但这个需要与连接的显示器所支持的接口配套。

任务五 多显卡技术

速力（SLI）和交叉火力（CrossFire）分别是Nvidia和AMD（早期是ATI）的双卡或多卡互连工作组模式。其本质差不多，只是叫法不同。速力属于Nvidia的技术，速力的工作模式是屏幕分区渲染。交叉火力简称交火，是AMD的一款多重GPU技术，可让多张显示卡在一台计算机上同时使用，增加运算效能。

组建速力和交叉火力多显卡技术需要满足一些条件。一是需要两个或多个显卡，必须是PCI-E接口，不需要相同的核心显卡，混合速力可以用于不同的核心显卡；二是需要主板支持，速力的授权已开放；三是需要计算机的系统支持；四是需要计算机的驱动支持。

AMD的部分新产品支持不同型号显卡之间进行交火。这种交火需要硬件以及驱动的支持，并不是所有型号之间都可以。多显卡安装图，如图2-42所示。

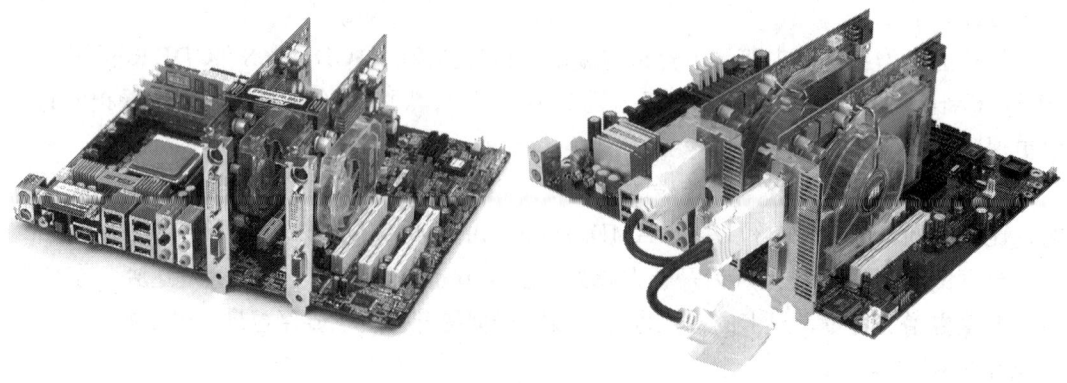

图2-42 多显卡安装图

任务六 显卡选购指南

显卡是计算机中的一个设备，是决定计算机优劣的主要部件之一。对一些入门级的使用者可以不买显卡（需要CPU集成），但一些对显卡要求很高的特殊用户群体则需要单独购买。因此，在选购显卡时，首先要确认计算机的主要用途，其次要对显卡的性能和市场行情进行全面了解。

选购显卡除了关注显卡的品牌及用途外，更重要的是关注显卡芯片、显存容量、显存位宽和显存频率等性能参数。

操作六 如何选购显示器及其他设备

决定计算机性能的好坏主要取决于前面所选购的CPU、主板、内存、硬盘和显卡五大部件，但作为输出设备的显示器也很重要。

显示器是用户与计算机交流信息的一个输出设备，主要是将来自显卡的信号转换成用户可以识别的媒体信息。本操作将分别介绍计算机中最常用的输出设备显示器和计算机中其他设备的选购方法，从而让读者知道如何选购好这些设备。

任务一 显示器的选购

说到显示器的选购，很多人首先想到的是价格、尺寸、分辨率，但仅凭这三个方面是很难评估一台显示器的性价比高低。下面详细介绍选购显示器时应该关注哪些性能参数。

1. 显示器的类型

根据制造材料的不同，显示器可分为阴极射线管显示器（CRT）、液晶显示器（LCD）和等离子显示器（PDP）。

CRT：是一种使用阴极射线管（Cathode Ray Tube）的显示器，这种类型的显示器已基本过时。

LCD：液态晶体显示器（Liquid Crystal Display），即液晶显示器，是当前的主流显示器。

PDP：等离子显示器（Plasma Display Panel），是采用了近几年来高速发展的等离子平面屏幕技术的新一代显示设备。等离子显示器的优点是厚度薄、分辨率高、占用空间少，还可作为家中的壁挂电视。等离子显示器代表了未来计算机显示器的发展趋势。

液晶显示器亮度比较高，但响应时间过长会导致画面上出现残留影像，也就是拖尾现象，这种现象会引起使用者视觉疲劳，而等离子显示器则可以减轻显示画面对视网膜的刺激，减轻眼部的疲劳感。等离子显示器显示动态图像会很饱满，而液晶显示器显示文字和图片很细腻。简单来说，上网适合使用液晶显示器，看电影适合使用等离子显示器。三种显示器如图2-43所示。

笨重的CRT已过时　　　　　文字图像细腻的LCD是主流　　　　　适合视频播放的PDP

图2-43　显示器类型

2. 屏幕尺寸

屏幕尺寸是以屏幕对角线的长度来标示，以in（英寸）为单位，1 in约为2.54 cm。一般建议屏幕尺寸至少选购23.5 in的。屏幕尺寸测量方法如图2-44所示。

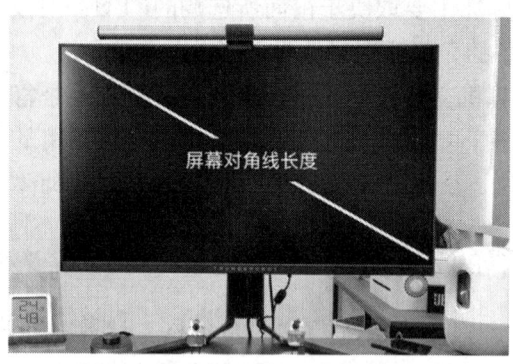

图2-44　屏幕尺寸测量方法

3. 最佳分辨率和点距

最佳分辨率即液晶显示器支持的最大分辨率，也是最好的显示效果。目前，4 K、8 K和9 K的分辨率已经出现，但是1920×1080（2 K）仍是当下选择的主流分辨率。

点距是指两个像素点之间的距离。相同尺寸下，分辨率决定了点距的大小，点距越小画面越精细。

4. 刷新频率和响应时间

显示器刷新频率是指显示器1秒钟可以刷新多少帧的图像。刷新频率越高，所显示的画面稳定性就越好。普通显示器的刷新频率一般都是60 Hz，而主流电竞显示器一般是144 Hz。

响应时间可以将它理解为画面延迟的时间，这个指标对电竞选手来说影响比较大，响应时间越短越好。显示器的响应时间越短，电竞过程中的拖影就越少，也就更清晰一些。普通显示器的响应时间为5～8 ms（1 ms就是1/10 00s），而电竞显示器的响应时间一般都在3 ms以下。显示器响应速度越快，价格也就越高。

5. 普通屏和曲面屏

随着曲面屏的出现，购买者开始纠结是选择曲面屏显示器还是选择普通显示器，这主要根据个人需求来定。如果日常工作与工程制图、视频后期及视觉设计等有关，可选择普通显示器；如果计算机更多的是用来娱乐，可考虑曲面屏显示器。

6. 面板类型

一台显示器80%左右的成本都在面板上，可以说面板就是液晶显示器的心脏。目前市场上主流的面板类型有三种，分别是IPS、VA、TN。

TN面板响应速度快，价格最便宜，但视角不够宽，亮度较低；VA面板视角宽，对比度高，但响应速度慢，色偏较大；IPS面板在受挤压的情况下不会发生水波纹现象（硬屏技术），视角宽，色偏较好，但响应速度慢。IPS是目前的主流面板，没有特殊需求的话尽可能选择IPS面板。

任务二　电源的选购

电源虽然不会影响计算机的性能，但是它会影响计算机的稳定性。电源相当于计算机的心脏，给计算机各个部件提供稳定的电压。选购电源至关重要，但大多数用户往往会忽视电源的重要性，选购电源应该考虑以下3个因素。

1. 电源功率

买多大功率的电源主要是取决于计算机所有硬件的功耗总和，如果计算机电源的功率不够，就会造成计算机出现自动重启或不能开机的情况。一般核显（没有独显）的计算机选购300 W的电源就足够了；如果未来大概率会升级成独立显卡，电源建议选择400 W左右的；如果是中高端带独显的计算机，建议选择500 W左右的电源；至于一些高端超频的主机，对电源功率则要求更高。

2. 电源模组

电源模组分为模组电源和非模组电源二种，它们之间最大的区别就在于接线是否分离。非模组电源十分常见，所有的接线与电源不分离，一般入门级别的计算机建议选择此电源。模组电源的接线和电源是分离的，价格相对要高，中高端或以上的主机可以考虑此电源。模组电源又可以分为全模组和半模组电源。全模组电源所有的接线都是与电源分离的，均可拆卸；而半模组是重要的接线固定，部分线材可拆卸。电源模组如图2-45所示。

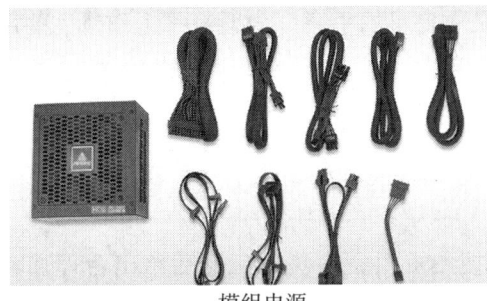

模组电源

非模组电源

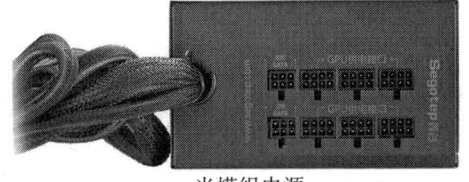

半模组电源

图2-45　电源模组图

3. 电源尺寸

　　计算机的电源尺寸是根据机箱支持的尺寸大小确定，可以分为ATX和SFX两种规格。主流电源尺寸是ATX标准电源，尺寸一般为150*140*86 mm；SFX尺寸电源比较小，它的尺寸为125*100*63.5 mm，主要用于ITX和HTPC机箱。

> **注意**　选购电源除了要关注以上因素外，还要关注电源的品牌，尽量选择大众熟悉的品牌，例如海盗船、安钛克、全汉、台达、振华、酷冷至尊、TT、海韵、EVGA、航嘉、长城等。一些杂牌电源的用料和做工可能不达标，有的杂牌电源可能还会虚标功率。

任务三　机箱的选购

　　机箱其实就是一个"壳"，挑选没有太多技巧，但还是要注意以下几个方面。

1. 机箱厚度

　　薄的机箱很容易出现凹陷或者变形的问题，而厚的机箱除了不容易损坏，还能减少共振的产生，从而让主机更加安静，同时抗碰撞性能好，也更稳固。合格的机箱，厚度至少有0.6 mm或0.7 mm。

2. 机箱的尺寸

　　选购的机箱尺寸一定要确保放得下所有的硬件设备。衡量机箱尺寸大小时要考虑主板大小、显卡限长、散热器限高及电源的大小等因素。

3. 是否带 USB 3.0

　　目前，USB接口的设备基本都是USB 3.0了，所以最好选带有USB 3.0接口的机箱，不带USB 3.0接口的机箱不是特别老的产品就是山寨货。

任务四　键盘和鼠标的选购

　　键盘和鼠标是计算机的输入设备，高质量的鼠标和键盘会给计算机在使用和运行时的体验加不少分。选择键盘和鼠标主要还是凭自己的手感。一般打字工作量大的用户可以选购机械键盘。

操作七　联网模拟购机

　　选购计算机前应该提前通过线上平台搜集资料，在货比三家后给出合理选购方案才能选购到性价比最高的计算机。本操作将模拟选购计算机，让读者体验模拟购机。

任务一　模拟组装台式机

　　在互联网上，有多个网站提供了模拟购机功能。这里推荐三个：中关村在线的ZOL模拟攒机（http://zj.zol.com.cn/）；京东的装机大师（https://diy.jd.com/#/selfload）；太平洋网络的自助装机（http://mydiy.pconline.com.cn/）。这里以ZOL模拟攒机为例进行讲解，如图2-46所示。

扫码观看视频

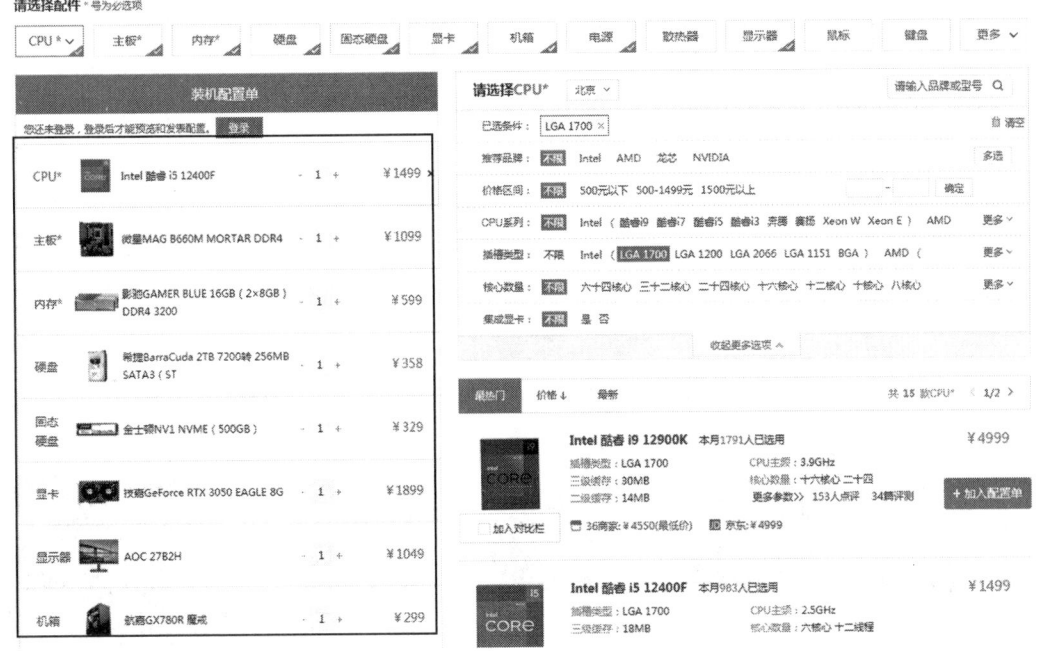

图2-46　ZOL模拟攒机界面

点击右侧的"+加入配置单",再从右侧选需要的配件加入左侧的清单;每个配件可以单击"更多参数"进行详细查看。

任务二　模拟选购笔记本

选购笔记本,可以在中关村在线的笔记本频道(http://nb.zol.com.cn/)进行选择,具体如图2-47所示。

扫码观看视频

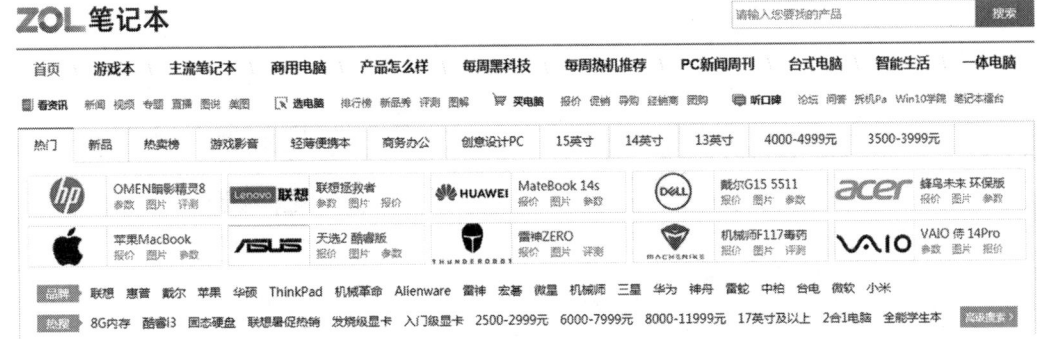

直接单击各选项进行筛选

图2-47　ZOL笔记本频道

选择一个筛选要求后则进入到下一步筛选界面,可以同时选择多个筛选条件,如图2-48所示。

图2-48 细化筛选条件

选择某一款产品进行详细查看，如图2-49所示。由于参数过多，图中只截取了一部分。

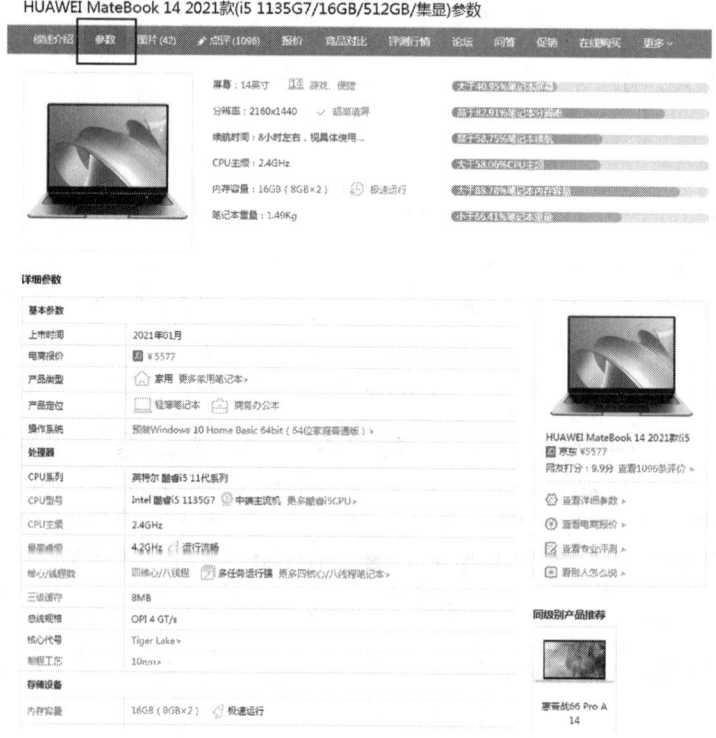

图2-49 笔记本的详细参数

任务三　案例演练

1. 案例导入

小李学习的是平面设计专业，毕业后想在家里利用业余时间做一些广告设计类的业务，为此需要购买一台计算机。计算机的性能要达到运行平面设计类软件的水平。

2. 配置说明

要能够运行平面设计类的软件，在CPU方面选择主流的i5 12代产品就可以满足运算方面的各种需要；在显卡方面，选择GTX 1660的显卡既能保证性能又不会太贵；在硬盘方面，选择机械硬盘和固态硬盘相结合，既能存储大量的数据，又能带来极速的体验；在显示器方面，考虑到是在家里使用，选择了大屏的三星显示器。

3. 案例操作

计算机配置			
CPU	Intel 酷睿 i5 12400F	显示器	三星C27F390FHC
主板	华硕TUF GAMING B660M-PLUS D4	显卡	七彩虹iGame GeForce GTX 1660 Ultra 6G
内存	芝奇Ripjaws4 16GB DDR4 2400（F4-2400C15D-16GVR）	机箱	航嘉GX580H水冷版
机械硬盘	希捷BarraCuda 2TB 7200转 256MB SATA3（ST2000DM008）	电源	航嘉WD500K
固态硬盘	金士顿A400-M.2 2280（240GB）	键盘鼠标套装	雷柏V100S背光游戏键盘鼠标套装

操作八　检测与测试硬件设备

选购好计算机后，用户可以使用一些专业的软件来测试硬件设备的参数，以确保计算机设备的真实性。测试计算机主要是对CPU、主板、内存、显卡、硬盘和显示器等硬件进行测试，从而获知各项硬件的性能参数，确定硬件的实际参数与商家宣传的参数是否一致。本操作将结合前面的学习内容，学习如何识别各配件的真实参数。

任务一　通过系统查看各硬件参数

通过鼠标右击桌面上的"计算机"图标，在弹出的快捷菜单中选择"属性"命令，弹出的窗口如图2-50所示。

扫码观看视频

59

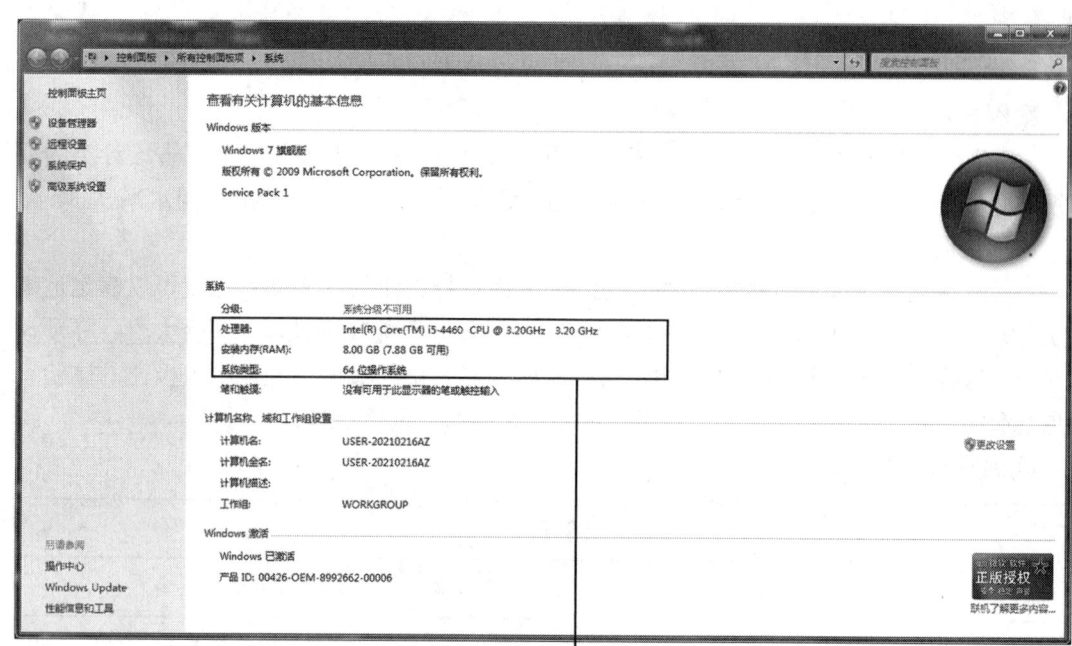

可以看到CPU和内存的信息，同时也可以看到计算机所安装的操作系统版本

图2-50　硬件信息

如果想要看到比较全面的信息可以通过鼠标右击桌面上的"计算机"图标，在弹出的快捷菜单中单击"管理"命令，将弹出"计算机管理"窗口，展开"设备管理器"可以看到图2-51所示的内容。

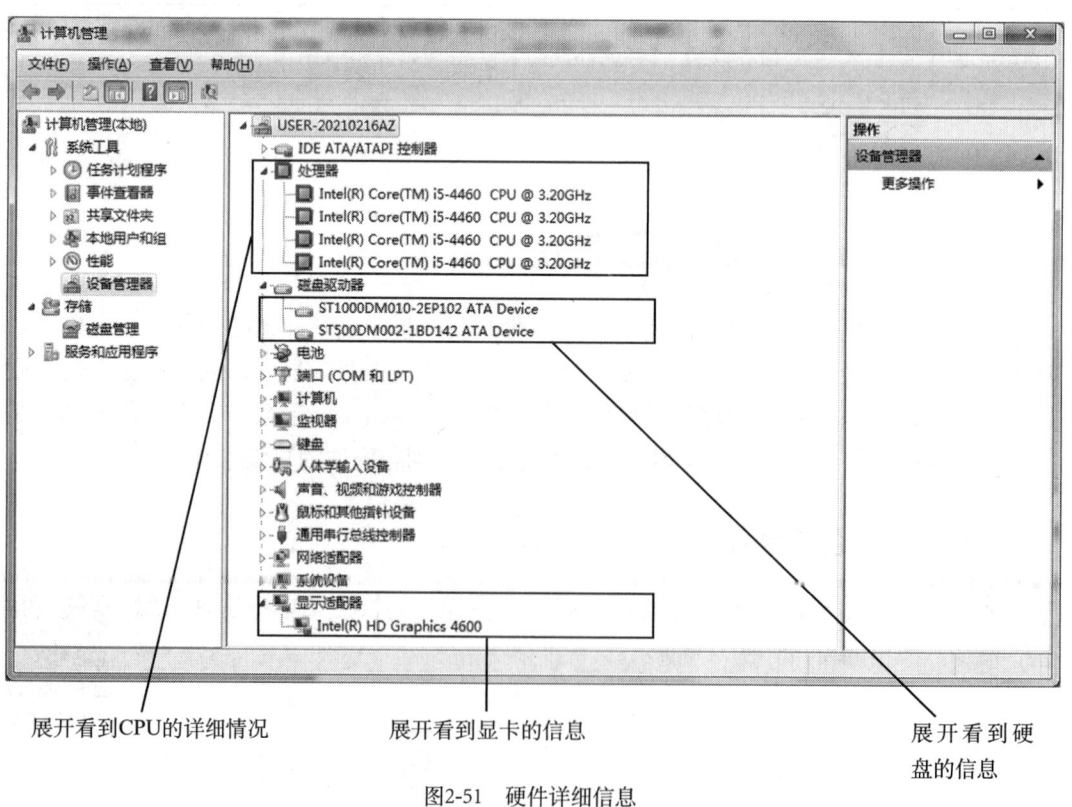

展开看到CPU的详细情况　　　展开看到显卡的信息　　　展开看到硬盘的信息

图2-51　硬件详细信息

任务二　通过专业软件检测计算机配件

有时候，通过系统显示的信息并不详细，而且有造假的可能，通过一些专业的软件检测硬件会更准确，下面介绍一些常用的硬件检测软件。

1. 使用 CPU-Z 检测 CPU

CPU-Z是一款检测CPU的软件，是检测CPU软件中使用率最高的，软件的启动速度和检测速度都很快，能检测的CPU种类全面，而且可以全面测试CPU的相关信息，如CPU类型、时钟频率和缓存等信息。

扫码观看视频

最新版的CPU-Z软件可以在网站（http://www.cpuid.com/softwares/cpu-z.html）下载或通过搜索引擎搜索相关软件，初学者建议选中文版的。该软件检测CPU的效果如图2-52所示。CPU-Z是一个多功能软件，除了能检测CPU，还能检测主板、内存和SPD的相关信息，如图2-53和图2-54所示。

图2-52　通过CPU-Z检测CPU

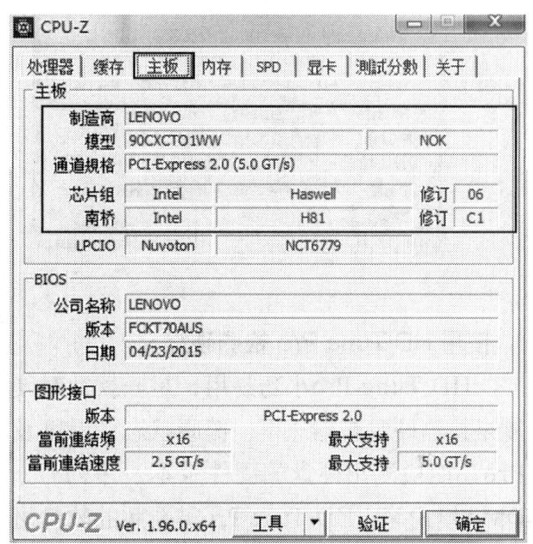

图2-53　通过CPU-Z检测主板

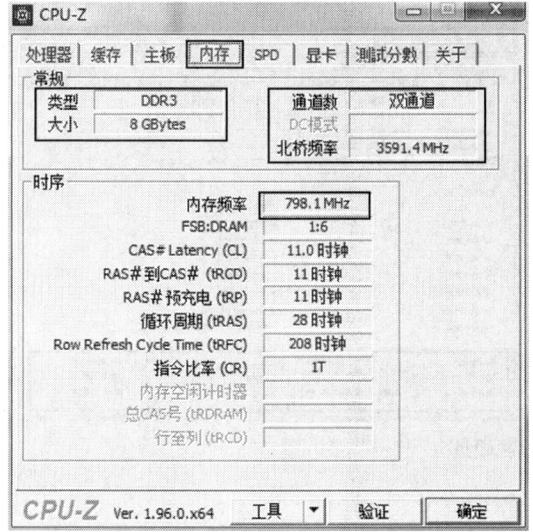

图2-54　通过CPU-Z检测内存和SPD

2. 使用 GPU-Z 检测显卡

GPU-Z是一款非常出名的显卡检测软件，界面很直观，能够识别A卡和N卡，也能很好地识别交火及混合交火，运行后即可显示GPU核心、运行频率、带宽、传感器信息等。GPU-Z最新版的软件可以在网站（https://www.pcsoft.com.cn/soft/35066.html）下载或通过搜索引擎搜索。软件检测界面如图2-55所示。

扫码观看视频

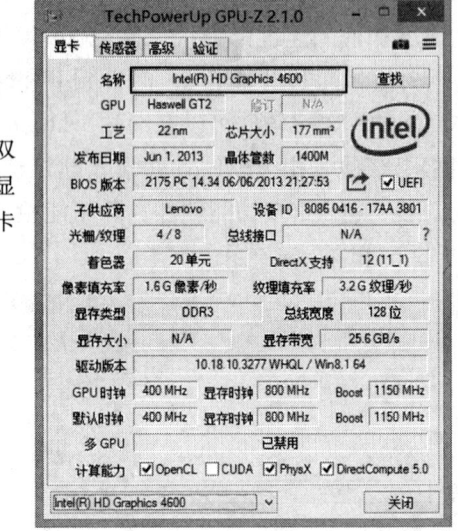

图2-55　检测显卡

3. 使用 HD Tune Pro 检测硬盘

HD Tune Pro小巧易用，是一款针对硬盘性能诊断测试的工具，其主要功能是检测硬盘传输速率、健康状态、温度及扫描磁盘表面等。另外，HD Tune Pro还能检测出硬盘的固件版本、序列号、容量、缓存大小以及当前的Ultra DMA模式等。HD Tune Pro最新版的软件可以在网站（http://www.xitongzhijia.net/soft/6724.html）下载或通过搜索引擎搜索。软件检测界面如图2-56所示。

扫码观看视频

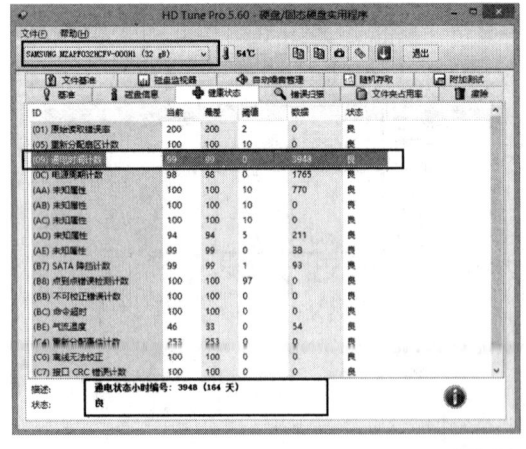
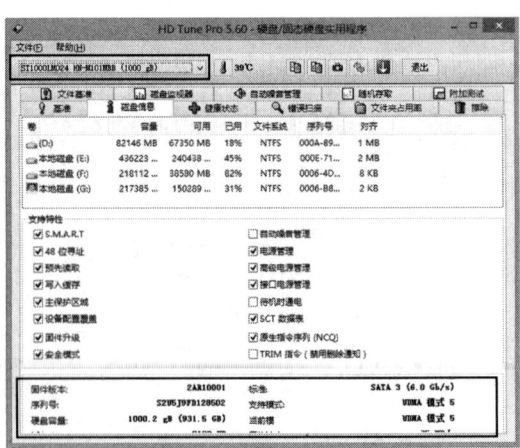

图2-56　检测硬盘

4. 使用 DisplayX 检测显示器

DisplayX是一款针对CRT显示器和液晶显示器的检测软件，除了可以检测显示器的灰

扫码观看视频

度、对比度、亮度、色彩、聚集等常规项目外，还可以检测液晶显示器的坏点、延迟时间等，它可以在Windows全系列操作系统中正常运行。该软件可以检测出液晶显示器的品质和性能情况。需要最新版的软件可以在网站（http://www.xitongzhijia.net/soft/194319.html）下载或通过搜索引擎搜索。软件界面如图2-57所示。

点击开始测试，每项测试在上方都有说明

纯色是用来测试坏点的

图2-57 检测显示器

注意　DisplayX是一款比较智能的显示器检测软件，每一项的检测画面都会有中文提示，帮助用户了解每个测试的目的、作用与分析方法。在测试时会以全屏的方式进行检测，若要退出全屏或结束检测，按ESC键即可。

任务三　通过软件对计算机进行综合检测

前面介绍了单个配件的专业检测软件，在此，介绍一款对计算机进行综合检测的工具——鲁大师。鲁大师是新一代的系统工具，它拥有专业而易用的硬件检测、硬件监测、硬件测试的功能，检测比较准确。鲁大师能够提供中文厂商的信息，可以对计算机的配置一目了然，能轻松辨别计算机硬件的真伪，并保护计算机稳定运行，清查计算机是否存在病毒隐患，清理并优化系统，提升计算机的运行速度。最新版的软件可以到鲁大师官网（https://www.ludashi.com/）下载。软件界面如图2-58所示。

扫码观看视频

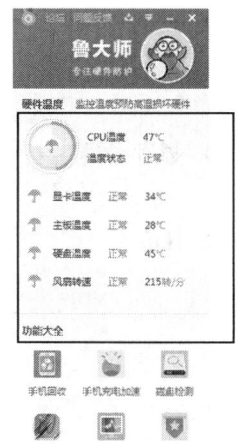
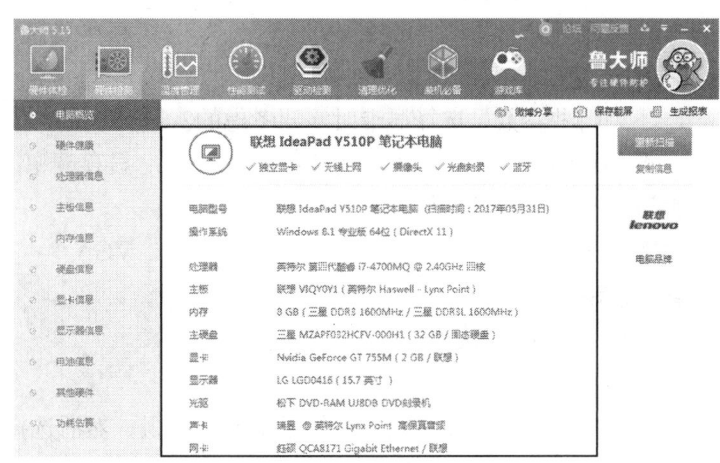

图2-58 鲁大师检测软件

鲁大师还可以进行性能测试，俗称"跑分"，单击上方的"性能测试"图标就可以检测计算机硬件的性能，包括处理器的性能、显卡的性能、内存的性能、磁盘的性能。单击右上方"开始评测"按钮，数分钟之后即可显示评测结果，如图2-59所示。

图2-59　鲁大师性能测试及评测结果

❖ 项目总结

通过对本项目的学习，读者能够做到根据自身需求购买计算机中的各个配件，并能看懂主流配件的性能指标，也知道了选购计算机配件的技巧，还了解到如何对计算机的性能进行测试。

❖ 练习与实践

➢ 单选题

1. 下列软件中，用于检测显卡的是（　　　）。

A. CPU-Z　　　　　B. GPU-Z　　　　　C. Display X　　　　　D. HDTune Pro

2. 下列参数中，哪一项是选购CPU不需要考虑的因素？（　　　）

A. 主频　　　　　B. 核心数　　　　　C. 缓存　　　　　D. 重量

3. Cache的中文名称是什么？（　　　）

A. 存储器　　　　　B. 内存　　　　　C. 高速缓存　　　　　D. 硬盘

➢ 多选题

1. 下列哪些参数是选择显卡时需要考虑的？（　　　）

A. 显示芯片　　　　　B. 显示接口　　　　　C. 显存频率　　　　　D. 显存位宽

2. 下面哪些接口是主板上有的？（　　　）

A. USB　　　　　B. HDMI　　　　　C. VGA　　　　　D. IDE

➢ 判断题

1. CPU-Z只能检测CPU。（　　　）

A. 对　　　　　B. 错

2. 在选购主板时，要先确定主板采用的芯片组，然后选择具体的品牌。（　　　）

A. 对　　　　　B. 错

3. CPU有一级缓存和二级缓存，而硬盘没有缓存。（　　）

　　A. 对　　　　　　　　B. 错

☞ **实训任务一**

模拟选购台式机	
项目背景介绍	小李学习的是影视动漫专业，单位要给他配置一台满足他做动漫需求的计算机
设计任务概述	（1）分析需求 （2）确定预算 （3）网上模拟装机
实训记录	
教师考评	评语： 辅导教师签字：＿＿＿＿＿＿＿

模拟选购笔记本	
项目背景 介绍	小刘在学校学习的是软件开发专业，为了携带方便需要购买一台笔记本电脑，以方便学习
设计任务 概述	（1）分析需求 （2）确定预算 （3）网上确定备选 （4）确定结果
实训记录	
教师考评	评语： 辅导教师签字：_____

計算機組裝與維護

02

检测计算机	
项目背景 介绍	购买计算机后，为了确保计算机配置的真实性，用户可以使用专业的软件来测试计算机
设计任务 概述	（1）检测配件，通过软件检测出配件的具体型号 （2）测试性能，通过软件检测计算机的整体性能
实训记录	
教师考评	评语： 辅导教师签字：＿＿＿＿＿

项目三

拆装计算机硬件

▲ 项目导读

拆装计算机是用户的必备技能。组装新机、维护计算机和维修计算机的时候都需要用到该技能。

本项目安排了实战案例，通过案例使用户进一步掌握拆装计算机的技能。

▲ 重点与难点

- 计算机各设备的安装方法
- 拆装计算机的过程
- 连接内、外部连线

◢ **学习目标**
- 熟悉各设备的安装方法
- 熟悉拆装计算机的过程
- 熟悉如何连接计算机线路

操作一 装机注意事项

　　拆装计算机是一项比较细致严谨的操作，任何不当或错误的操作都可能导致计算机无法正常工作，严重时甚至会损坏计算机硬件。因此，在装机前还需要对装机的各注意事项充分了解。本操作将介绍装机注意事项，这有助于用户养成良好的装机习惯，可以尽量避免错误的出现，减少意外的发生。

任务一　计算机组装前的准备工作

"工欲善其事，必先利其器"。组装计算机也是这个道理。组装计算机前需准备一套齐全的安装工具，这能让整个组装过程事半功倍。以下是组装计算机必备的配件和工具。

所需的计算机配件：台式计算机的所有配件。

工作台：平整的木制桌面为佳，木制的不导电，也不会太硬。

安装工具：①大小合适的十字螺丝刀和一字螺丝刀（部分计算机硬件也会采用一字螺丝刀），一般选带磁性的螺丝刀，不带磁性的不能吸住螺丝，操作时会很不方便。②尖嘴钳，尖嘴钳的主要目的是拆卸机箱后面那些材质较硬的挡板或小铁片。

任务二　注意事项

1. 操作前先释放静电

人体都是带静电的，在操作过程中，人体的静电可能会损坏配件，所以要先释放静电。可以用水洗手再擦干，有条件的最好佩带防静电手套。

2. 避免带电操作

装机完成后才接通电源，拆机则要先断开电源。只要接通了电源，配件就处于带电状态，无论拆装都是不安全的行为。

3. 避免粗暴安装

安装计算机配件时，必须遵照正确的安装方法来组装各配件，接口一般都是有规范的。注意观察，对不上时切勿使用蛮力，这样容易损坏配件。

操作二　主机内部设备安装

计算机的主要部件基本都安装在主机内部，可见内部设备安装的重要性。主机内各部件的安装方法是否正确，直接决定着组装完成后的计算机是否能够正常使用。不同类型的计算机主机内各设备安装方法大同小异，本操作以台式主机的安装为例。

任务一　安装CPU和CPU散热器

一般情况下，应该先把CPU和内存条安装到主板上，再将主板装入机箱。因为主板安装到机箱内部之后，空间变得狭小了，再安装CPU和内存就不太方便。另外，有些CPU散热器是采用背部支架来固定，所以一定要先装好CPU和散热器。主板如图3-1所示，上面圈中的插座是安装CPU的，下面圈中的插槽是插内存条的。

扫码观看视频

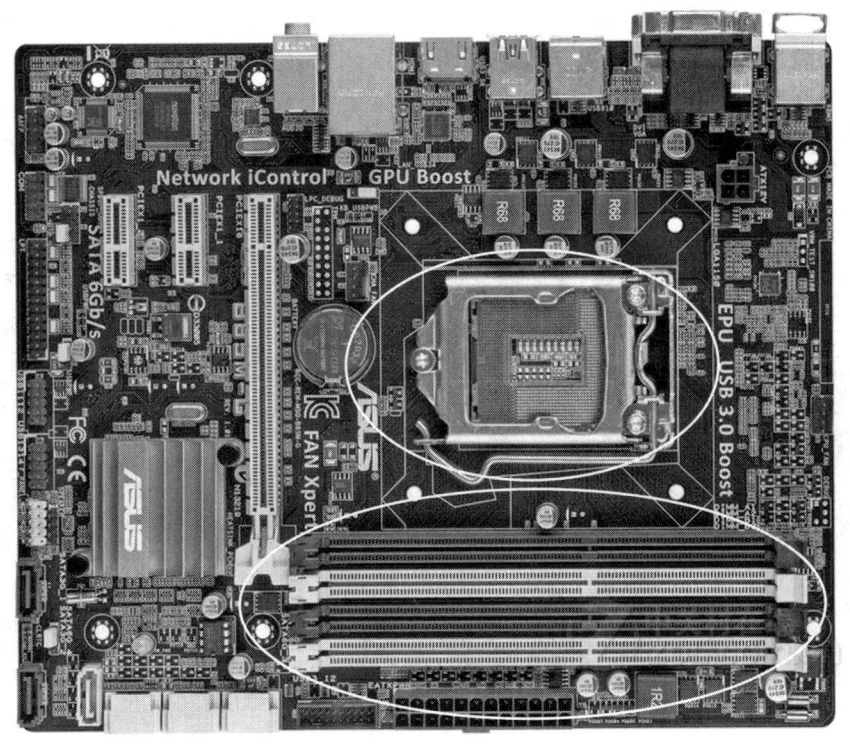

图3-1 主板

1. 安装 CPU

这块主板对应的是Intel的CPU，首先将主板放在桌面上，然后松开CPU固定拉杆，CPU插座上面的盖子就可以打开了。注意，插座中间的是触点，不要用手去碰。主板上的CPU插座如图3-2所示。

图3-2 CPU插座

将CPU安装到主板上是有方向性的，要看清楚CPU角上的金色三角，这个三角一定要与主板的CPU插座的黑色三角对应，两者必须重合才可以安装，也就是CPU上的缺角要与主板CPU插座的缺角重合。另外还要注意，CPU和主板上CPU插槽两边有个防呆缺口，CPU安装反了是放不进去的，具体如图3-3所示。

图3-3　安装CPU

将CPU安装到主板后，再把主板上的CPU固定拉杆拉回原位，这样就将CPU固定好了，具体如图3-4所示。

图3-4　固定CPU

注意　　CPU针脚中的缺口一定要与主板CPU插座缺口对齐。如果没对好，可能会损坏CPU引脚。

2. 安装散热器

CPU安装好了，接下来是安装散热器。

取出CPU散热器包装中用来固定散热器的小零件，主要有CPU散热器固定架，用来将散热器固定在CPU上。实例中使用的这款CPU散热器搭配的是非常传统的固定件设计，塑料袋里装的是固定它的卡子，具体如图3-5所示。

图3-5　固定CPU散热器的小零件

安装散热器的具体步骤如下所述。

（1）在主板上把散热器的固定基座摆放好，注意四角的固定圆孔要和主板上的孔位对齐，以便拧螺丝，如图3-6所示。

图3-6　固定好散热器的固定基座

（2）把白色固定楔子放进四个孔位，如图3-7所示。

图3-7　放入白色固定楔子

（3）再把四个黑色的穿钉，逐一放进白色的卡子当中，达到固定效果。黑色的穿钉并不是螺丝，用手用力向下按压黑色的穿钉，直到听见清脆的"咔吧"声，CPU散热器固定架就成功固定到主板上了。具体如图3-8所示。

图3-8　放入黑色的穿钉

（4）翻转过来检查主板的背面，看黑色的穿钉是否已经穿过白色的楔子，穿过的标志是白色楔子的这一端已经开口，并且透过主板背面固定住了。白色楔子和黑色穿钉的固定原理和膨胀螺丝相似，都是另一端裂开，从而抓住被固定面，如图3-9所示。

图3-9　检查黑色的穿钉

（5）固定好散热器固定架后，在安装CPU散热器前还要在CPU表面涂抹散热硅脂。将散热硅脂均匀地涂抹在CPU表面即可，涂抹并不是越厚越好，薄薄地抹上一层即可。但要注意，一定不能有漏涂抹的地方，如图3-10所示。

图3-10　涂抹散热硅脂

（6）安装散热器。散热器一定要和CPU边缘对齐，保证所有部位都接触到了。然后，将散热器两边的卡子（就是那个方形的开孔）向下扣住散热基座外边的突起部位（基座四周有好几个突起的黑色块状，选一个合适的位置观察一下），确保完全扣好。散热器固定好后就不会晃动了，具体如图3-11所示。

图3-11　安装CPU散热器

散热器安装完后，一定要记住连接散热器上的风扇供电线。这根连接线需要插在主板对应的供电接口上，主板上一般会标注"CPU_FAN"。具体如图3-12所示。

图3-12　散热器的风扇电路线连接图解

注意　不同的CPU散热器，安装的方式也可能会不同。一般来说，CPU散热器的包装盒中都会有详细的安装图解说明书，遇到不会安装的需要仔细研究说明书。

所有配件的接线在主板上都有对应的标识，接错了会导致故障。另外要注意，所有插头和插槽的开口方向和位置要对应好，否则容易损坏插头的针脚。

任务二　安装内存条

安装内存条就是将内存条正确安装到主板的内存插槽上。内存条的安装十分简单，注意双通道内存要把内存插在相同颜色的内存插槽上或间隔开插。本例中的主板拥有4条内存插槽，2条是黄色的，2条是黑色的。安装双通道内存，内存条可以安装在双黄色插槽，也可以安装在双黑色插槽，如图3-13所示。

图3-13　内存和主板

由于主板和内存条上都设有防呆缺口，安装时要对齐主板上内存条插槽的凸起和内存条中间的凹槽。首先把插槽两头的卡子掰开；然后将内存对好，稍微用力向下按内存条的两端，听见"咔吧"声即可；最后检查内存条插槽两头的卡子是否已经完全复位，如果没有复位再按压一下内存条。如图3-14所示。

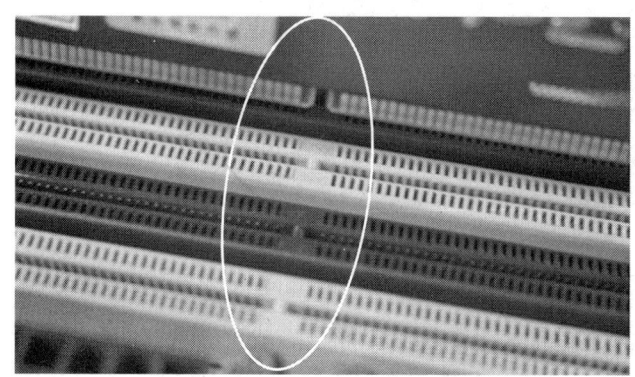

图3-14 安装内存条

安装好的内存条如图3-15所示。

图3-15 安装好的内存

任务三 安装主板

（1）拆机箱挡板。

将主板安装到机箱之前，需要先将机箱背面的I/O接口显露出来。找到机箱背面对应的位置用钳子掰开挡板（徒手很费力还容易划伤手），也可以把机箱自带的挡板拆除，将主板配套的挡板安装上去。如图3-16所示。

图3-16　处理机箱背面的挡板口

（2）把主板安装到机箱里面。

首先把金黄色的铜螺柱固定到机箱主板基座上的圆孔里面（一般有8颗，如果维修拆装的机箱本来就自带的，这步可以省略）。这些铜螺柱很重要，没有它们就无法安装主板，铜螺柱是用来将主板和机箱背板隔离开，给主板的背部散热创造空间。如图3-17所示。

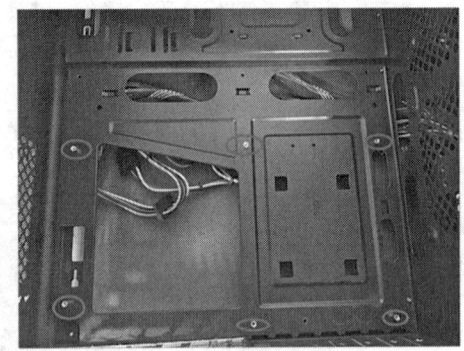

图3-17　固定主板底座的铜螺柱

其次，在机箱中安装好金黄色的铜螺柱后，就可以将主板安装到机箱中了，注意挡板和底部铜螺柱的位置，将主板孔位和铜螺柱对准，如图3-18所示。

图3-18　将主板安装到对应位置

最后，拧紧主板上的固定螺丝。主板上一般有8颗固定螺丝，安装完成后，可以微微摇一摇主板，看看是否已经固定好了。主板一定要固定好，否则容易损伤配件。

主板是计算机的核心模块，CPU、散热器、内存条都安装在主板上。这个核心模块安装到机箱后，组装计算机的工作就基本完成了一半。效果如图3-19所示。

图3-19　主板安装完成

任务四　安装电源

电源的安装比较简单，安装时要注意走线和硬件供电线路的连接。

将电源上的螺丝孔和机箱孔位对好，再使用螺丝固定住。电源一般有4个螺丝孔。先安装对角的两个螺丝，再安装另外两个螺丝。电源安装效果如图3-20所示。

图3-20　电源安装效果

任务五　连接供电线路和机箱面板接线

电源安装完成后，下一步就是连接线路，主要涉及显卡、主板、硬盘电源线和机箱面板连线（包含开关机控制线，机箱前置的USB和音频接口）的连接。连接这些线路并不难，注意细节操作就能完成。

扫码观看视频

1. 连接供电线路

连接主板供电线，找到电源接口中的24 PIN接口，这是电源中最大的一个。有些主板电源线有两个接头：一个大的20 PIN，一个小的4 PIN，对应的主板插槽孔位也是这样的设计，这两个接头要并排紧挨着插上去才行。将这两个供电插头插入主板供电插槽即可。如图3-21所示。

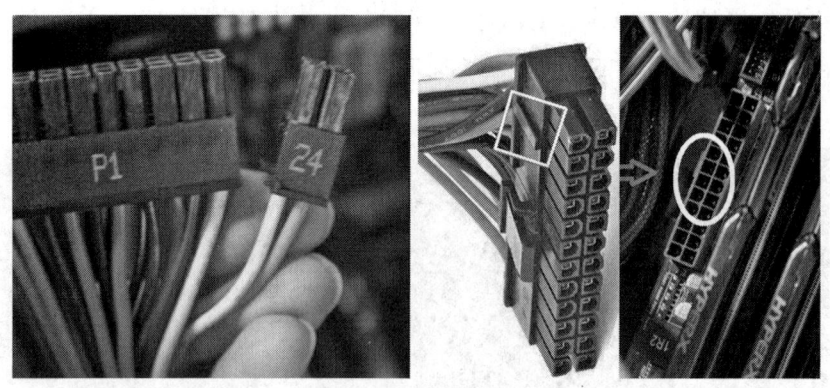

图3-21　主板供电连接

2. 连接机箱内部的接线

现在的CPU一般都需要额外供电。有的CPU供电设计为4 PIN的，有的设计成8 PIN的（为了加强CPU的供电）。电源为了兼容这些设计，就把CPU供电设计成4+4 PIN，如果主板上只有一个4 PIN插槽，那么电源上的CPU供电线随便插哪组都行，如图3-22所示。

图3-22　CPU额外供电连接

机箱带有USB 3.0接口，需要单独的USB 3.0连接线，插头插在内存条左边的黑色插槽中。USB 3.0接头有一面的中间位置有凸起，安装时识别方向用的，不然容易插反。插的时候要对好方向，切不可用蛮力。如图3-23所示。

图3-23　USB 3.0接线

音频线及USB2.0线如图3-24所示，它们在接口上都有防呆设计，安装前先看清接孔的顺序，再到主板上找到相应的针脚，确保插入正确。

AUDIO，即音频，上面右二少一针，这是防呆设计。

F_USB插座，下排右一少一针，这也是防呆设计，建议优先连接F_USB1的位置。

图3-24　音频线及USB线

不同的机箱有着不同的设计，根据具体情况来操作。一般来说，电源开关（POWER SW）是黄线和白线；电源指示灯（POWER LED）是绿线和白线；重启（RESET SW）是蓝线和白线；硬盘指示灯（H.D.D LED）是红线和白线。如图3-25所示。

图3-25　机箱前面板控制线

接下来将线接到主板相应的插座中，这是一个难点但有技巧，主板上的各个插座在主板上面都有相应的标识。但要注意，有的主板标得很乱，需要在主板上仔细查找。如图3-26所示。

图3-26　机箱前面板控制线的接线图

根据主板图示，"+"表示正极，即左侧是正极，右侧是负极。对于接线来说，一般彩色为正，白色为负。

任务六　安装硬盘

安装硬盘比较简单。SATA接口的机械硬盘和固态硬盘上都有2个接口，一个接口是通过数据线连接硬盘和主板上的SATA接口，用于硬盘与主板之间数据传输；另外一个接口连接电源线，给硬盘供电。

扫码观看视频

硬盘数据线和电源线接口都是长"L"形的设计，如图3-27所示。

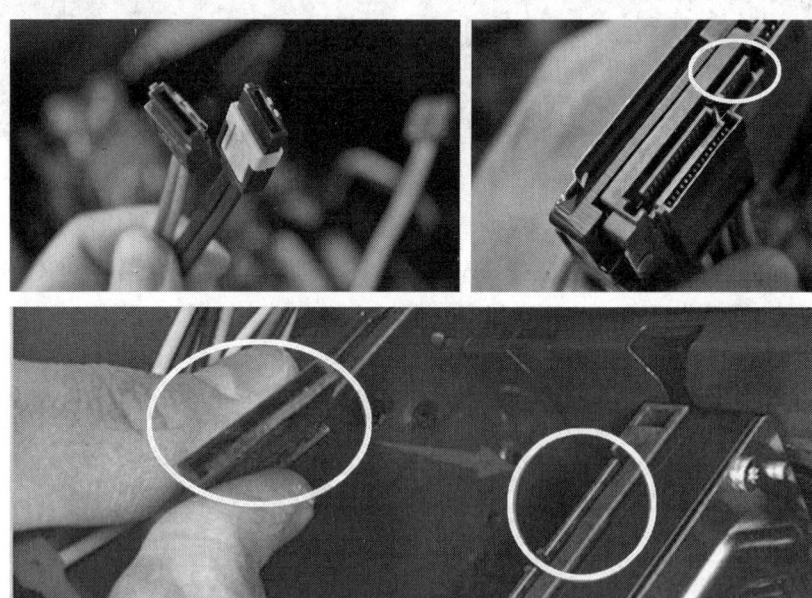

图3-27　硬盘数据线和电源线接口

SATA接口的固态硬盘的安装步骤如下所述。

（1）把硬盘固定到机箱上，安装硬盘需要固定用的卡子，机箱中有此配件。如图3-28所示，上面突起的几个圆点需要和硬盘侧面的圆孔对齐，然后将两边的卡子安装在硬盘的两侧，最后将硬盘固定到架子中。

图3-28　固定硬盘

（2）固定好硬盘后，把数据线和电源线都接上，效果如图3-29所示。

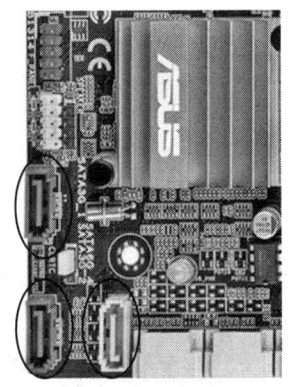

图3-29　连接硬盘数据线和电源线

（3）硬盘数据线的另一头要接到主板的SATA接口上。SATA接口的固态硬盘连接方法与机械硬盘一致，请按照连接机械硬盘的方法来操作。有两个硬盘的情况下，建议将固态硬盘接入SATA0接口中，将机械硬盘接入SATA1接口中。

M.2接口的固态硬盘的安装步骤如下所述。

（1）如果安装的是M.2接口的固态硬盘，则先将主板盒子中的M.2固态硬盘的螺丝和铜螺柱取出来，再安装好硬盘，最后将固定用的铜螺柱拧到主板对应的孔位中。如图3-30所示。

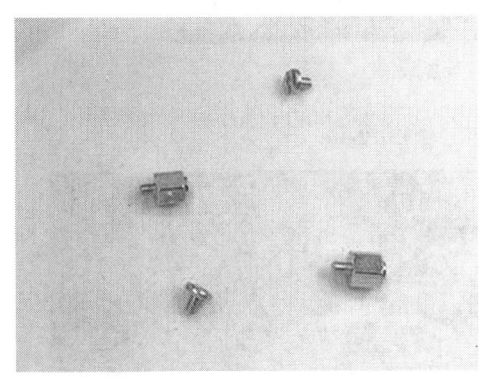

图3-30　固定M.2固态硬盘

（2）先将M.2固态硬盘的金手指部分插入主板的M.2插槽中，然后轻轻将其放下。使用M.2固态硬盘的螺丝将其固定，螺丝上紧后即安装完毕。如图3-31所示。

图3-31　安装M.2固态硬盘

任务七　安装显卡

集成显卡无需安装，此处讲的是独立显卡的安装。显卡安装比较简单，先将显卡安装到主板的PCI-E显卡插槽上，然后固定住即可。

安装显卡的步骤如下所述。

（1）安装显卡之前要先拆掉机箱上的挡板，露出显卡的接头，拆一块还是两块挡板由显卡决定。挡板如图3-32所示，可徒手掰下来。

图3-32　拆机箱挡板

（2）打开主板显卡插槽一头的卡子，如图3-33所示。

图3-33　打开卡子

（3）显卡的插槽有防呆设计，安装显卡时，将显卡金手指上的凹槽与主板插槽的凸起位置对齐，位置如图3-34所示。

图3-34 显卡的插槽

（4）对齐后，直接用手向下按显卡，直到听见"咔吧"一声响，之后确认插槽的卡子是否已经复位。把显卡一头的两个圆孔和机箱挡板上的两个圆孔对齐，拧好两颗螺丝，直到显卡不晃动即可。固定的显卡如图3-35所示。

图3-35 显卡的固定

（5）连接显卡供电线路（比较旧的显卡不支持供电，可以省略）。显卡上有一个6 PIN的 （高端显卡是8 PIN）供电插槽，只要找到电源接头中的6 PIN接口，将它插入显卡的6 PIN插槽即可。连接的时候要注意方向，这种多孔位接头的每个小孔的方向都不同，对错了插不上，还容易插坏。如图3-36所示。

图3-36 连接显卡供电线路

任务八 机箱散热风扇供电连接

现在很多机箱带有散热风扇，散热风扇的接口分为3 PIN和大4 PIN（D型的）两种。3 PIN接口的散热风扇连接到主板上印有SYS_FAN的三针接口上；大4 PIN接口无法连接到主板的3 PIN接口上，只能连接到电源带的4 PIN接口上，具体如图3-37所示。

图3-37 机箱散热风扇供电连接

任务九 整理布线

一般情况下，电源上还剩一些没用到的接头，将这些接头整理好并用扎带捆扎好放在机箱的角落里，这样会更整齐，也便于后期对计算机的维护。

不同的机箱，整理走线是有差别的。一般的走线原则是：能不在主板前面暴露的就不暴露，能走背板的就都走背板，这样线路看起来会更清楚明了。整理效果如图3-38所示。

图3-38 整理布线

任务十　补充说明

固定计算机常用的螺丝有三种，如图3-39所示。左边的为粗牙螺丝，一般用于固定机箱、电源、显卡等扩展卡；中间的为细牙螺丝，一般用于固定主板；右边的是另一种粗牙螺丝，一盘用于固定硬盘。

图3-39　各类螺丝

操作三　安装计算机外部设备

安装计算机的外部设备只需将主机与显示器、键盘、鼠标、电源线等外部设备进行连接即可，连接好后，整个装机过程便大功告成了。本操作将介绍计算机外部设备的安装方法。

任务一　连接显示器

常见的液晶显示器主要由两部分组成，显示屏和底座。新买的液晶显示器都是未组装的，组装时可以根据包装盒内的图文说明书操作，每个部件上都配有与相邻部件连接的锁扣或卡子，将它们连接起来即可。

显示器组装好后，下一步就是连接显示器的数据线和电源线了。数据线一端连接在显示器上，另一端连接到主机的I/O接口上。需特别注意的是，有独立显卡的主机要将显示器连接到独立显卡的显示接口上，千万不能连接到主板上的显示接口。如图3-40所示。

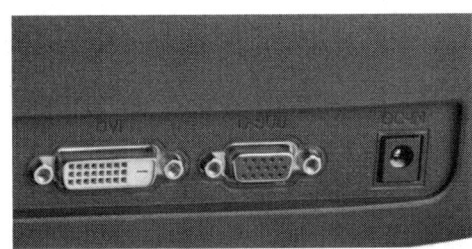

图3-40　连接显示器数据线

任务二　连接键盘和鼠标

目前，大部分的键盘和鼠标与主机连接采用的都是USB插口，只要将键盘和鼠标插到主机后的USB接口上即可。一般都是连接到USB 2.0接口上。

任务三 连接机箱电源线、网线、耳机和音箱等

机箱电源采用梯形接口，将梯形接口端插入至机箱背面的电源接口上，另一端插至电源插座上。耳机带有麦克风输入接口（一般为粉红色）和音频输出接口（一般为绿色）。网线接在集成网卡RJ-45的接口上。所有外部设备连接好的效果如图3-41所示。

图3-41 连接完成的效果图

❖ 项目总结

通过对本项目的学习，用户掌握了计算机装机的注意事项和装机方法，同时对计算机的面板接线也有了一定的了解。

❖ 练习与实践

➤ **单选题**

1. 哪个是安装计算机最常用的工具？（　　）

   A. 万能表　　　　B. 毛刷　　　　C. 螺丝刀　　　　D. 砂纸

2. SATA接口里面一般是什么形状的？（　　）

   A. "B"型　　　　B. "L"型　　　　C. "A"型　　　　D. "C"型

➤ **多选题**

1. 哪些是组装计算机的注意事项？（　　）

   A. 避免带电操作　　　　　　　　B. 避免使用暴力

   C. 操作前释放静电　　　　　　　D. 要带手套

2. 台式机箱前面板的控制线包含哪些？（　　）

   A. POWER LED　　B. HDD LED　　C. RESET SW　　D. POWER SW

➤ **判断题**

1. 装机一般先将CPU、内存条装到主板上，再把主板装入机箱。（　　）

   A. 对　　　　　　B. 错

2. 主板可以安装不平，只要不与机箱接触就行。（　　）

   A. 对　　　　　　B. 错

3. 安装CPU的时候不存在方向问题。（　　）

　　A. 对　　　　　　　　B. 错

🖐 实训任务

拆装计算机	
项目背景 介绍	组装计算机是学习者的必备技能，也是以后维护和维修计算机的基础
设计任务 概述	（1）把一台主机拆分成零散的配件 （2）将零散的配件组装成一台主机
实训记录	
教师考评	评语： 辅导教师签字：＿＿＿＿＿＿

中篇

软件系统建立篇

项目四	制作启动盘
项目五	虚拟机的使用
项目六	安装操作系统

项目四

制作启动盘

▲ 项目导读

计算机组装好后就需要安装系统，有时候系统出了问题也要重新安装。安装系统需要相应的工具。现在流行使用U盘安装系统，光盘已经用得越来越少。本项目主要讲述如何下载、安装、使用U盘启动盘制作工具和如何获取系统文件。

本项目的最后安排了实训任务——制作一个U盘启动盘并放入相应的系统文件，通过实训任务使读者知道如何制作安装系统的启动盘。

▲ 重点与难点

● 将U盘制作成启动盘

● 如何获取操作系统的映像文件

▲ 学习目标

● 能够利用U盘制作启动盘
● 能够正确选择系统的映像文件

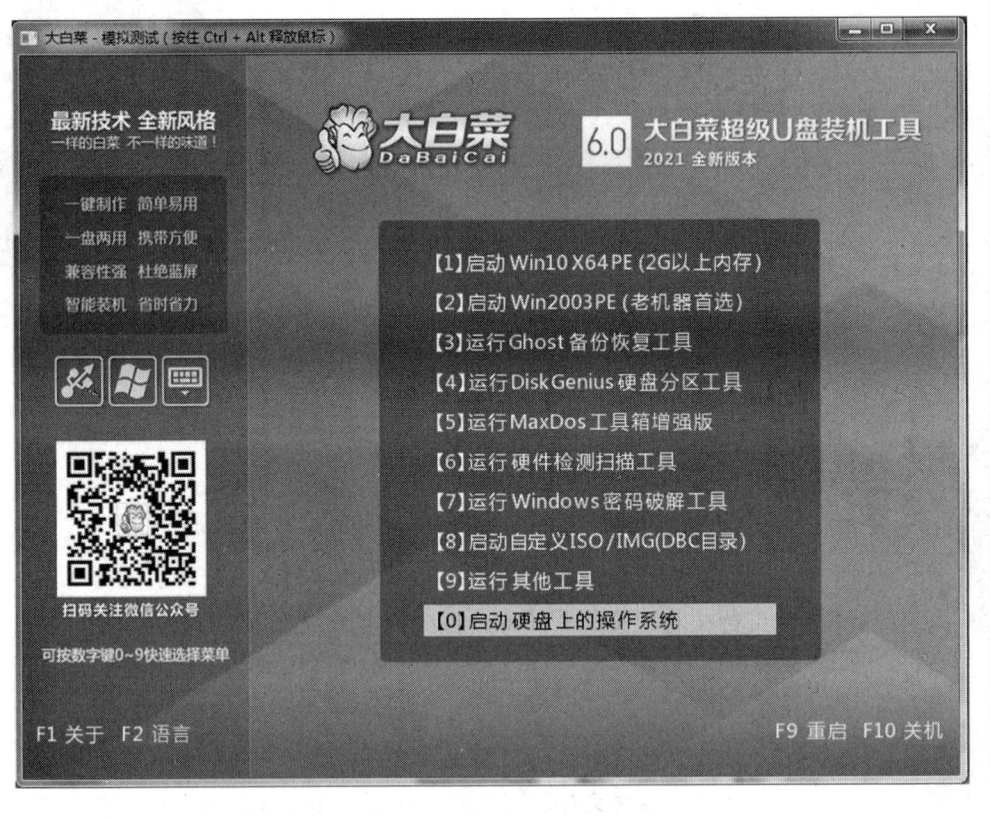

操作一 下载制作启动盘的工具

很多人不知道如何安装操作系统，本操作将介绍如何从网上找到U盘启动盘制作的软件，但在安装之前还要有一个能够支持启动的U盘。

任务一 下载U盘启动盘制作软件

目前市场上有很多好用的U盘启动制作软件，如"大白菜""老毛桃""U启动"等，这里选用功能比较全也比较好用的"大白菜"。

打开浏览器，输入网址（https://www.dabaicai.com/），可以看到"大白菜"的下载界面，用户可以选择"在线安装"和"装机版UEFI"两种操作，推荐选择"装机版UEFI"，下载后再安装。如图4-1所示。

图4-1　下载U盘启动盘制作软件

提示

想尝试其他U盘启动盘制作软件的，可以直接通过搜索引擎搜索，操作基本相同。

任务二　解压并启动U盘启动盘的制作软件

"大白菜"U盘装机工具下载完成后，可以直接解压运行（现在最新版是不需要安装直接运行的绿色版软件，老版本需要下载后才能运行安装文件），即可打开"大白菜"的启动界面。如图4-2所示。

图4-2　"大白菜"超级U盘装机界面

操作二　制作启动盘

"大白菜"U盘装机工具运行后，就可以把U盘制作成启动盘。本操作将介绍如何制作U盘启动盘。

任务一　制作U盘启动盘

准备一个至少8 GB以上的U盘，容量过小装不下启动盘的系统文件。一个 Windows 10或Windows 11系统的安装文件一般在4 GB以上。

扫码观看视频

打开"大白菜"U盘装机工具可以看到图4-3所示的主界面，插入U盘后，软件会自动读取U盘的型号，其他设置保持默认值，单击主界面的"一键制作成USB启动盘"按钮即可。如图4-3所示，其他设置选项介绍如下。

请选择：该选项下拉框里会显示插入的U盘，如果插入了多个U盘，先选好要制作启动盘的U盘。为了避免出现错误操作，建议制作时只插入一个U盘。

模式：该选项默认的是"USB-HDD"，一般不需要修改。"USB-ZIP"是一种软驱模式，不建议使用；USB-HDD是硬盘模式，把U盘当硬盘用，现在一般都这样用。

格式：该选项默认的是"NTFS"，同样不需要修改。这个表示U盘制作后的文件系统格式。NTFS可以支持大于4 GB的文件，而FAT32格式的U盘只能存放小于4 GB的文件。

单击"一键制作成USB启动盘"按钮后会弹出一个关于"将会删除U盘全部数据，且不可恢复"的窗口，选择"确定"按钮，如图4-4所示。

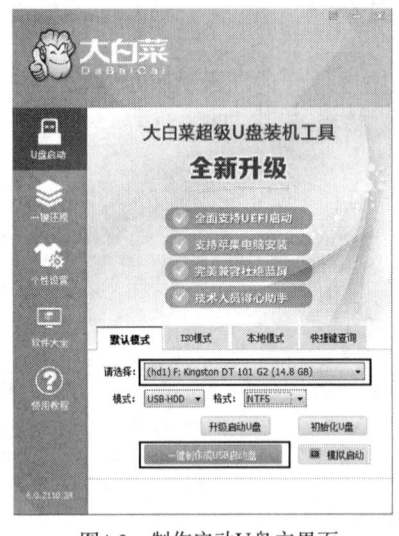

图4-3　制作启动U盘主界面

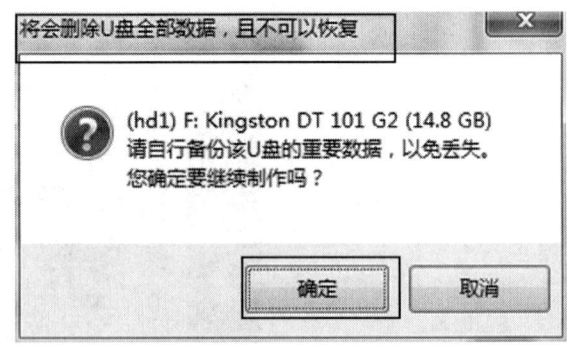

图4-4　制作启动U盘时警告信息

耐心等待"大白菜"U盘装机工具将相关数据写入U盘，右下角会有"进度显示"。如图4-5所示。

写入完成之后，会弹出"恭喜您，启动U盘制作成功！是否需要查看教程呢？"的信息提示窗口，在窗口中单击"是(Y)"可以查看教程，一般推荐选择"否(N)"。如图4-6所示。

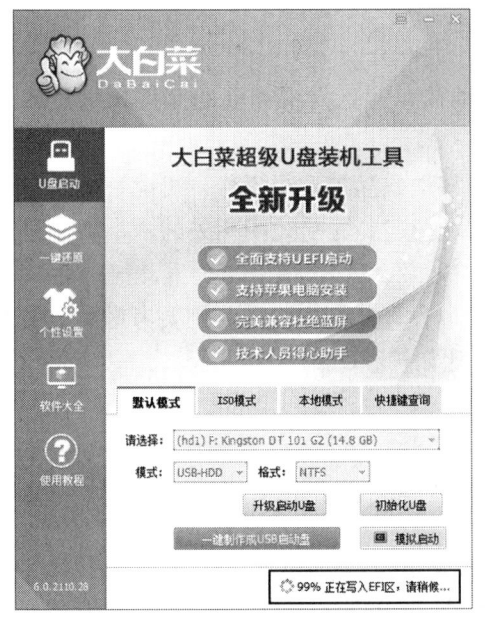

图4-5　对U盘写入数据进度显示

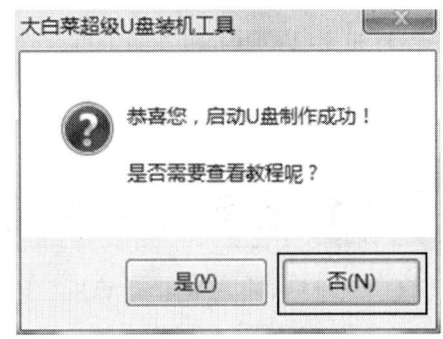

图4-6　提示窗口

完成后单击右下角的"模拟启动"按钮，会出现三个选项，选择"BIOS"，出现图4-7所示的界面则意味着U盘启动盘已经制作成功了。按住"Ctrl+Alt"释放鼠标，关闭窗口完成操作。如果没有出现这个界面意味着U盘启动盘制作失败。

图4-7　模拟启动成功界面

任务二　制作U盘启动盘的注意事项

（1）如果用一个装有文件的U盘制作启动盘，应该先把需要的文件备份到其他位置，因为在制作启动盘时会将U盘清空。

（2）由于U盘启动盘的制作工具涉及对可移动磁盘的读写操作，可能会遭到一些杀毒软件或者是安全软件的拦截而导致失败，所以一定要提前关闭相关的杀毒软件和安全软件。

（3）如果已关闭了相关的杀毒软件和安全软件还是制作失败，则要考虑用于制作的U盘质量是否有问题，或者是买到了假的U盘（比如扩容U盘）。

操作三　准备系统安装文件

U盘启动盘只能用来启动计算机，还不能安装系统，因为U盘中没有系统安装文件。本操作将介绍当前的主流操作系统，以及如何获取系统安装文件。

任务一　选择操作系统

操作系统（Operating System，OS），是配置在计算机硬件上的第一层系统软件。主流的操作系统有以下几个。

1. Windows XP

Windows XP是早期计算机使用最为广泛的操作系统，随着计算机硬件的更新，基本退出了市场。

2. Windows 7

Windows 7操作系统也在逐渐退出市场，需要安装的可以选择Windows 7旗舰版。

3. Windows 10

Windows 10是目前主流的操作系统，现在很多品牌机和笔记本电脑预装的都是Windows 10操作系统。Windows 10操作系统分为家庭版、专业版、教育版、企业版，大多数计算机预装的都是Windows 10家庭版，此版本功能较少，不能支持部分专业软件。企业版和教育版的功能最全，企业版专为企业用户设计，而教育版是为专业教育机构提供的版本，但是这两个版本都比较难获得。Windows 10专业版是计算机爱好者的最爱，能使用所有的专业软件。如果有条件，建议安装Windows 10专业版的系统。

4. Windows 11

Windows 11是微软于2021年6月24日发布的版本，Windows 11最大的变化是支持安卓App，可以直接在应用商店下载到安卓应用。目前安装使用的用户还较少。

任务二　获取系统安装文件

这里主要以64位的Windows 10专业版操作系统为例来介绍如何获取系统安装文件，其他版本的操作系统获取方法也一样。如果有正版系统光盘，可以将光盘上所有文件放入U盘的一个文件夹中。如果没有光盘，可以从网上下载，如图4-8所示。

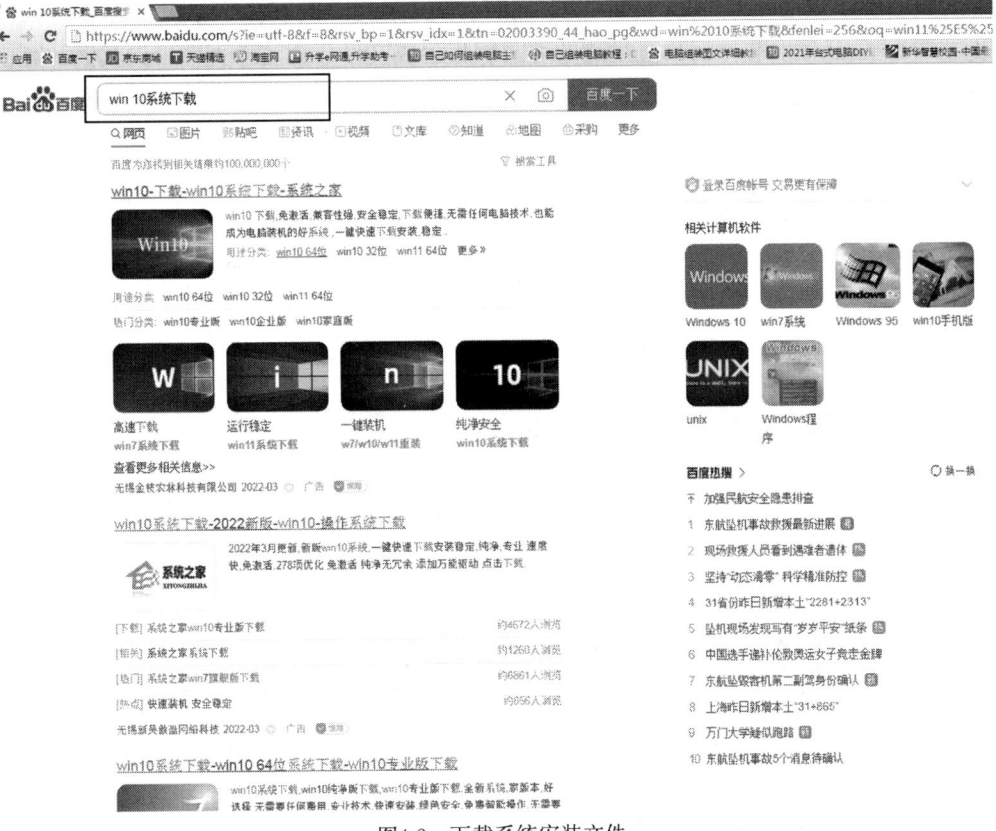

图4-8　下载系统安装文件

这里以系统之家为例，打开系统之家（http://www.xitongzhijia.net/）网站，如图4-9所示。

图4-9　选择要下载的系统文件

Windows 10系统分为32位版和64位版，现在的计算机硬件都支持64位，为了更好地发挥计算机的性能，建议选择64位版的系统。X64表示64位版，X86表示32位版。

根据系统的安装方式，系统安装文件还可以分为手动安装版和GHOST版。正版都是手动安装版，需要一步一步安装系统，相对来说安装得比较慢，也比较麻烦，但是稳定；GHOST版是把安装好的系统经过处理之后打包成文件，把文件直接装到其他计算机，优点是安装得快，而且一般经过了优化处理、补丁打得也比较齐全，还会附带一些小的软件，缺点是稳定性稍差。

网上选择一个安装系统文件，打开看说明，认为合适就可以下载。下载的文件都是ISO格式的文件，可以直接放入U盘使用。下载的文件如图4-10所示。

名称	修改日期	类型	大小
cn_windows_10_multiple_editions_x64_dvd_68...	2015/10/13 10:45	光盘映像文件	4,202,442...
JS_WIN10_X64_V2022.03	2022/3/24 10:37	光盘映像文件	5,281,696...
LB_WIN10_X64_3_17763.348	2019/3/30 17:01	光盘映像文件	4,030,666...
Windows.Server.2003.中文企业版集成SP2.win2...	2009/11/9 17:50	光盘映像文件	670,046 KB
windows_server_2008_r2_standard_enterprise...	2012/11/1 7:37	光盘映像文件	3,289,882...
windows_xp_service_pack3_x86_ 安装版	2022/3/24 10:38	光盘映像文件	615,466 KB

图4-10　下载好的系统映像文件

操作四　将系统映像文件放入U盘

本操作将介绍如何将系统文件存入U盘。

任务一　启动盘的目录结构

U盘启动盘制作成功后，会在U盘中自动生成一个文件夹，具体如图4-11所示。

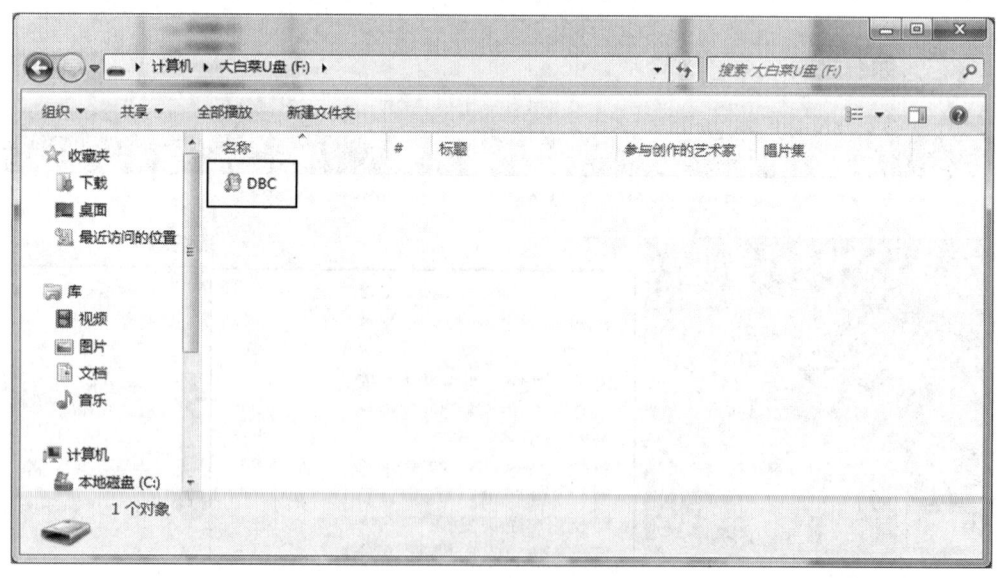

图4-11　启动U盘的目录结构

将GHO镜像或者将含有GHO的ISO文件复制到本目录的DBC文件夹中，进入winpe运行智能装机程序时会优先显示本目录中的映像文件。

任务二 将系统文件放入启动盘

实际上，为了安装系统的需要，系统安装文件可以放到U盘的任何位置，甚至硬盘上的系统安装文件都能被自动找出来。要求放到对应的目录只是为了管理方便，所以建议放到DBC文件夹下，效果如图4-12所示。

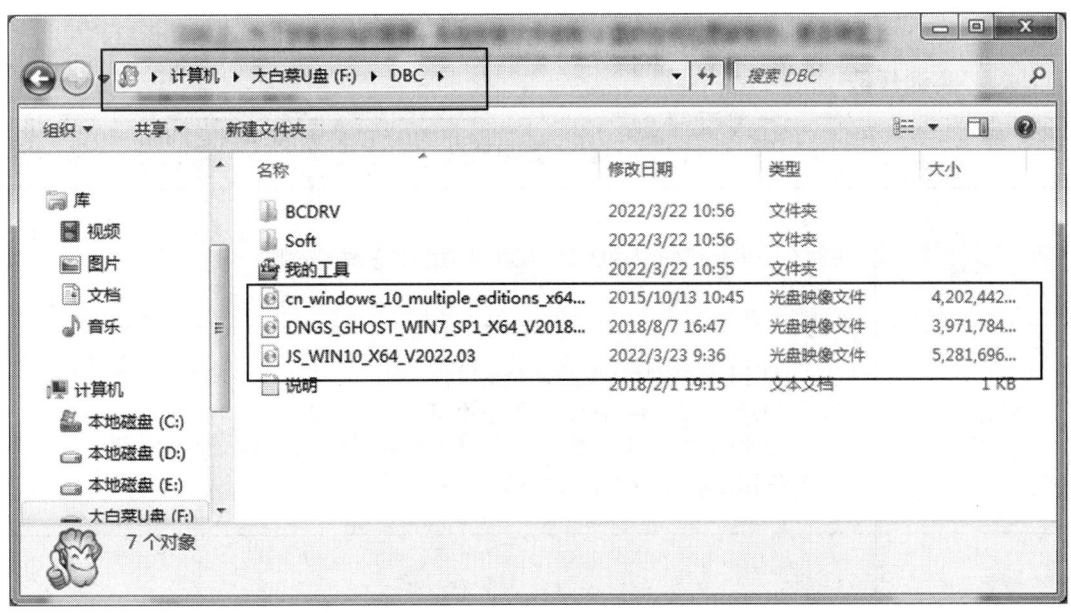

图4-12　DBC文件夹

❖ 项目总结

通过对本项目的学习，读者应该掌握了制作U盘启动盘的方法、知道了如何获取系统映像文件并把系统文件放入启动盘中。

❖ 练习与实践

➢ 单选题

1. 下面哪个软件可用于制作U盘启动盘？（　　）

　A. OFFICE　　　　　B. 鲁大师　　　　　C. 大白菜　　　　　D. 360安全卫士

2. 常用光盘映像文件的扩展名是哪一个？（　　）

　A. DOC　　　　　B. CD　　　　　C. TXT　　　　　D. ISO

➢ 多选题

1. 下面哪些属于操作系统？（　　）

　A. Windows XP　　　B. Windows 10　　　C. Windows 7　　　D. OFFICE

2. 下面哪些软件可用于U盘启动盘的制作？（　　）

　A. 大白菜　　　　　B. 老毛桃　　　　　C. U启动　　　　　D. 电脑店

> **判断题**

1. 大白菜制作的启动盘，系统文件必需放在DBC文件夹下。（ 　 ）

    A．对 　　　　　　B．错

2. 目前最新的操作系统是Windows 10。（ 　 ）

    A．对 　　　　　　B．错

实训任务

制作U盘启动盘	
项目背景介绍	想拥有一个自己的启动U盘？现在就动手把它做出来吧
设计任务概述	（1）从网上下载制作U盘启动盘的软件 （2）将U盘制作成启动盘，并通过模拟启动进行验证 （3）从网上选择操作系统文件时，至少要选择Windows 10的映像文件 （4）将系统文件放入U盘固定的文件夹下
实训记录	
教师考评	评语： 辅导教师签字：＿＿＿＿＿＿＿

项目五

虚拟机的使用

▲ **项目导读**

本项目主要讲述VMware（简称VM）软件的安装和使用。

本项目的最后安排了实训任务——使用VM软件创建一台虚拟机，并在VM中安装系统和克隆虚拟机。

▲ **重点与难点**

● 创建一台虚拟机

● 虚拟机开启64位支持

● 在VM中安装系统及克隆虚拟机

▲ **学习目标**
- 掌握如何创建一台虚拟机并进行相关操作
- 完成开启虚拟机64位支持的相关操作
- 熟悉在VM中安装系统及克隆虚拟机的相关操作

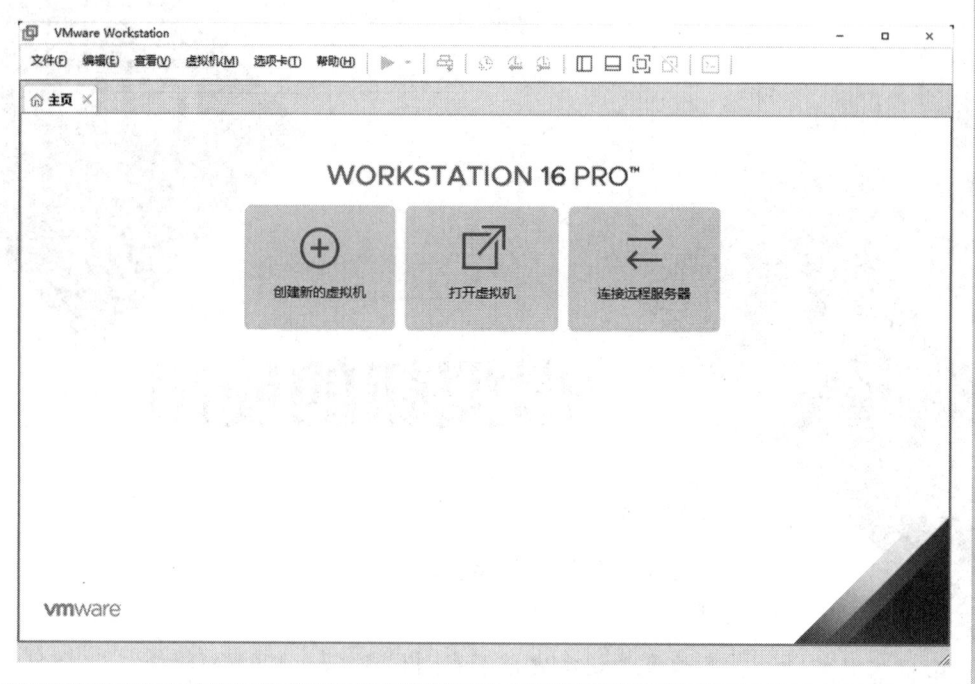

操作一 安装虚拟机软件

虚拟机是指通过软件来模拟完整计算机系统所有的功能，所有操作都可以在虚拟系统里面进行，而不会对真正的系统产生任何影响。本操作将介绍如何从网上下载并安装VMware软件。

任务一 下载VMware软件

实现虚拟机的软件很多，但VMware的功能相对更强大，而且操作方便。目前，VMware的版本有很多，本任务以VMware Workstation 16 Pro 中文专业版软件为例进行讲解。软件包可以通过网上下载（建议下载并安装VMware Workstation 15/16版本，Windows 10系统中无法安装老版本），如图5-1所示。

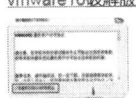  

图5-1 下载VMware软件

任务二 VMware的安装

找到下载的VMware 16 Pro的安装程序，双击它，即可把VMware软件安装到计算机系统中，如图5-2所示。

扫码观看视频

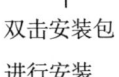

双击安装包
进行安装

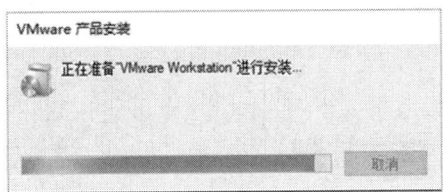

图5-2 安装VMware软件

VMware软件的具体安装步骤如下所述。

（1）单击"下一步"按钮，勾选"我接受许可协议中的条款"并单击"下一步"，如图5-3所示。

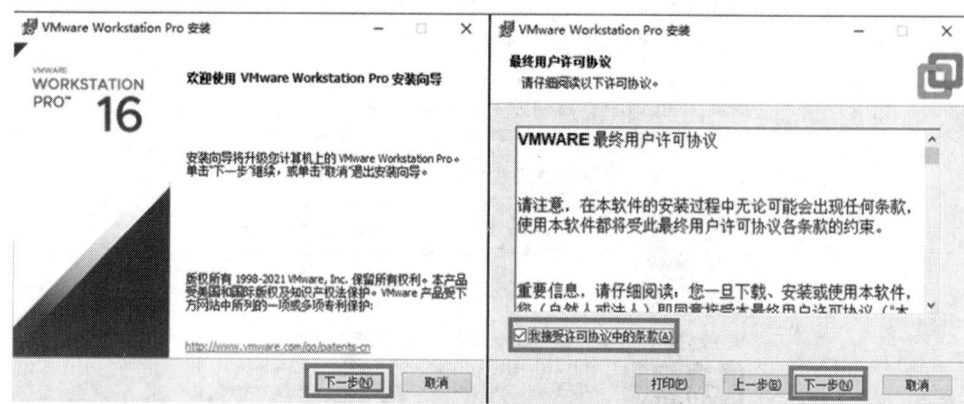

图5-3　安装VMware软件

（2）单击"更改"按钮可更改软件安装位置，选择要安装的目录，按个人需求勾选，如图5-4所示。

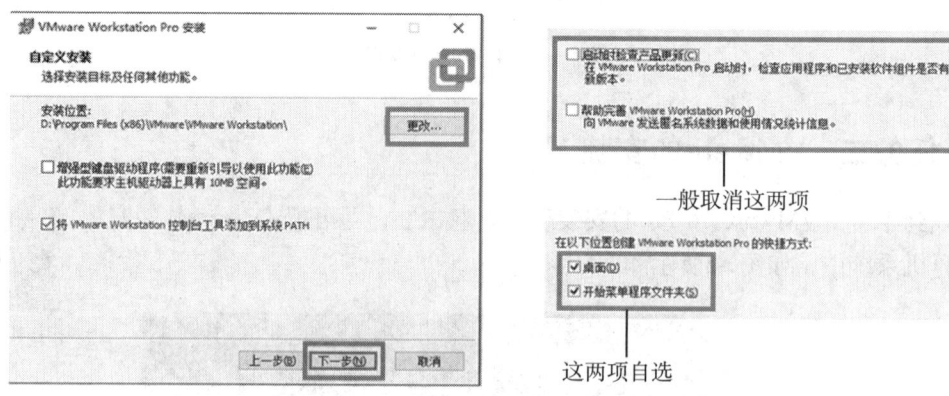

图5-4　安装VMware软件设定

（3）单击"许可证"按钮，输入许可证密钥，单击"输入"框会自动输入许可证密钥（本软件是注册版），如图5-5所示。

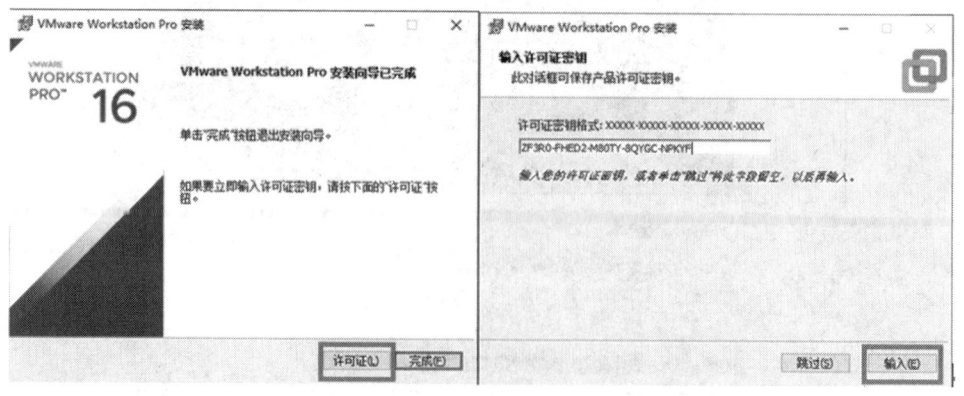

图5-5　输入许可证密钥

（4）单击"完成"按钮，虚拟机就安装完成了。

操作二　虚拟机的操作

VMware软件安装好后，还要学会使用VMware虚拟机。本操作介绍虚拟机的相关操作。

任务一　创建新的虚拟机

（1）打开VMware 16虚拟机软件，在软件的主窗口中创建新的虚拟机，在新建虚拟机向导中选择"自定义（高级）"，自定义可以更全面地配置虚拟机的各项参数，单击"下一步"按钮，如图5-6所示。

扫码观看视频

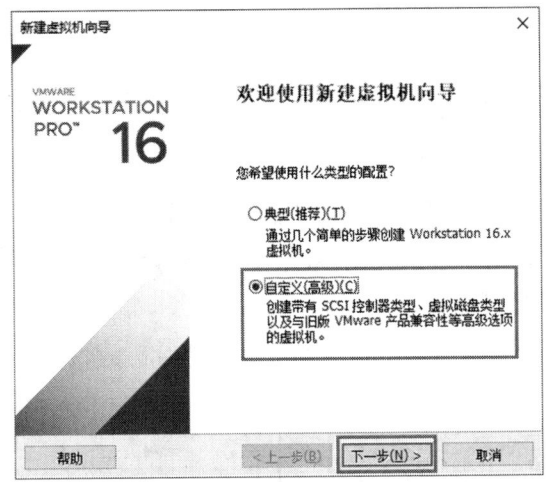

图5-6　新建虚拟机向导1

（2）在"虚拟机硬件兼容性"下，"硬件兼容性"选项选择默认即可。在"安装来源"下选择"稍后安装操作系统"，如果这时选择"安装程序光盘映像文件"选项，VMware 将会简易安装，所以为了有更详细的配置可选择"稍后安装操作系统"。如图5-7所示。

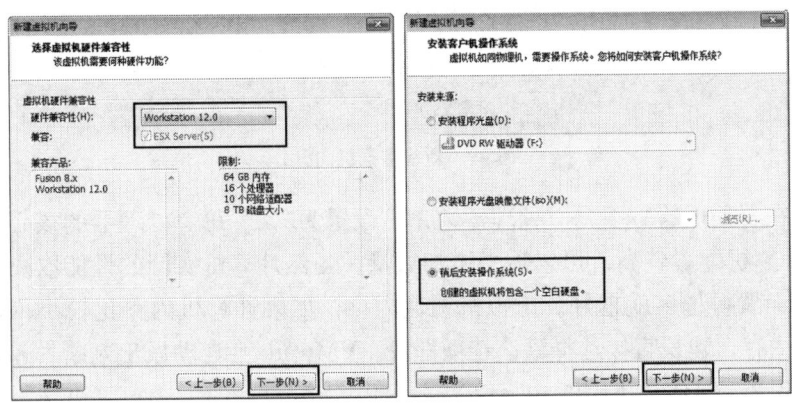

图5-7　新建虚拟机向导2

（3）在"客户机操作系统"下，根据实际需要选择对应的操作系统，"虚拟机名称"一般用默认的，也可以自己写。位置推荐存储在非系统盘，因为虚拟机需要占大量的空间。如图5-8所示。

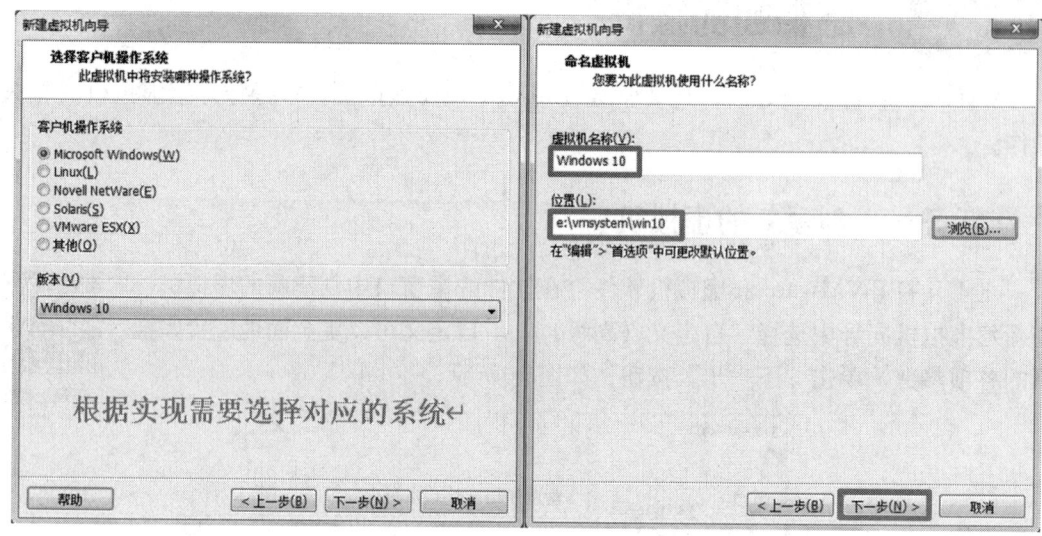

图5-8　新建虚拟机向导3

（4）"指定磁盘容量"下的"最大磁盘大小"选择默认的60 GB，单击"下一步"按钮，出现创建虚拟机的最后一步，单击"完成"按钮即可，也可单击"自定义硬件"做进一步的设置，如图5-9所示。

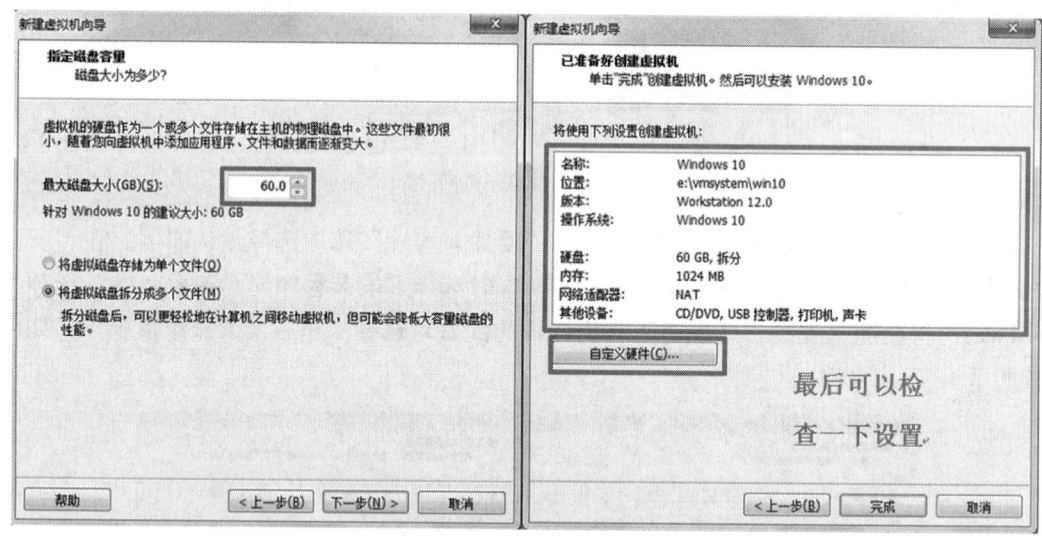

图5-9　新建虚拟机向导4

（5）在"处理器"卜，"处理器数量"设置为2，"每个处理器的核心数量"设置为2，如果计算机配置较高，可以适当增加数量。当然计算机实际的性能取决于物理机，并非处理器设置得越多就越好。虚拟机很耗内存，如果计算机内存比较小，虚拟机就不要分配太多内存，建议直接选择默认选项即可。VMware 会自动做出判断（Windows 10建议内存至少设置2 GB）。如图5-10所示。

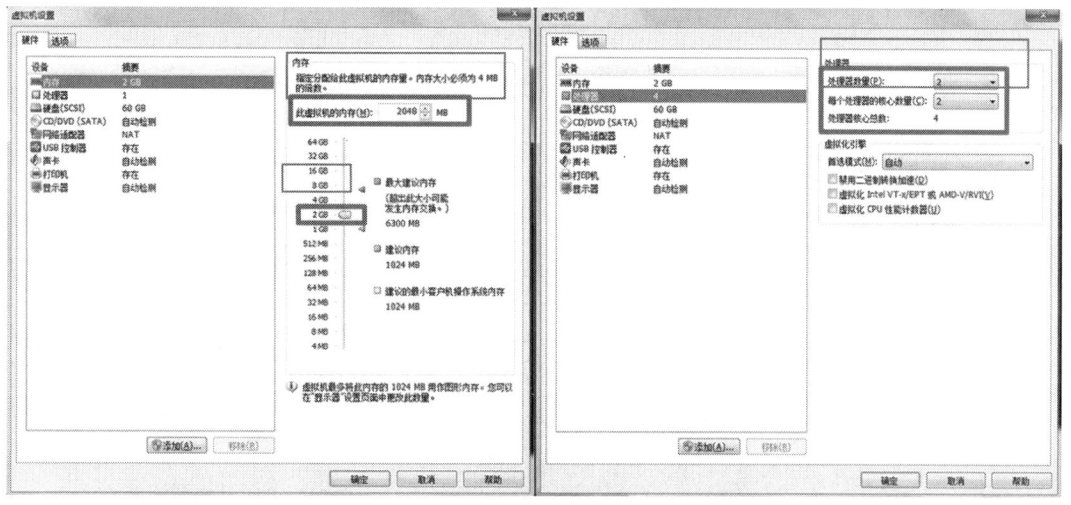

图5-10　自定义虚拟机1

（6）先单击"新CD/DVD（SATA）"，再选择"使用ISO映像文件"，接着单击"浏览"按钮，打开前面下载的ISO系统映像文件，安装操作系统（类似于用光盘安装系统），设置如图5-11所示。

图5-11　自定义虚拟机2

（7）单击"网络适配器"，然后在右侧的网络连接中选"NAT模式（N）：用于共享主机的IP地址"。这是最常见的模式，可以让虚拟机通过物理机连接互联网。其他设置一般保持默认设置，如图5-12所示。

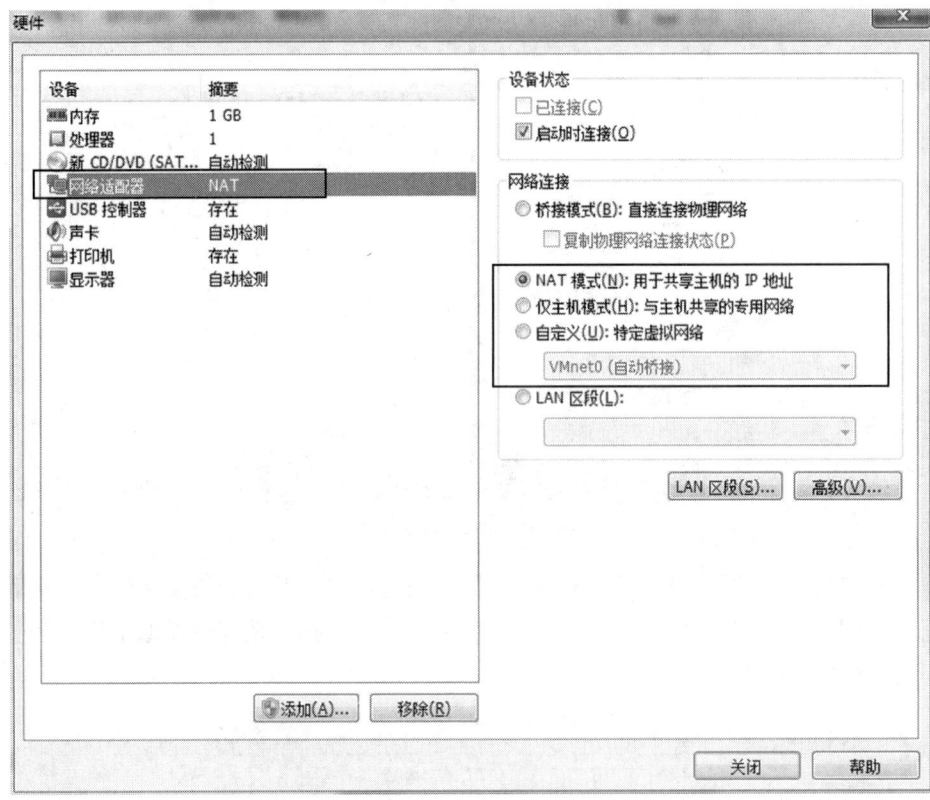

图5-12 自定义虚拟机3

任务二 打开虚拟机

通过"打开虚拟机"命令打开创建好的虚拟机,如图5-13所示。

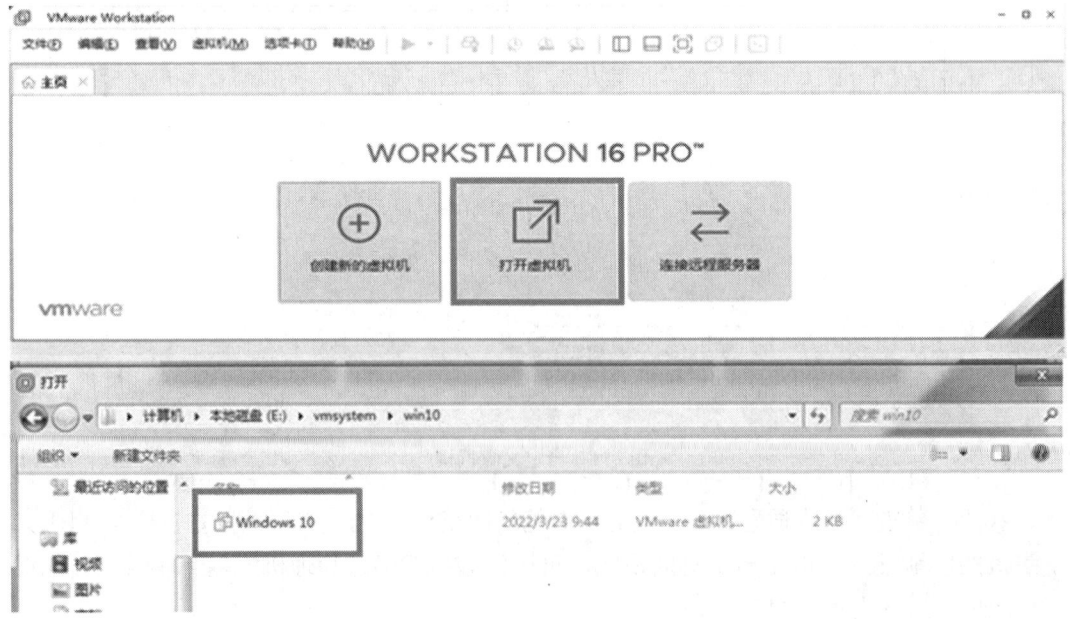

图5-13 打开虚拟机

任务三　虚拟机的其他操作

虚拟机打开后，可以像物理机一样开机、关机、重启、挂起（待机），如图5-14所示。

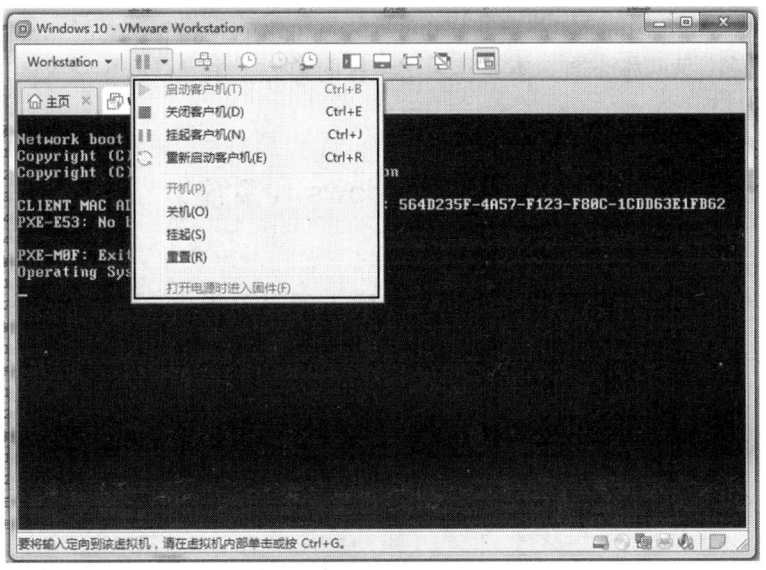

图5-14　虚拟机操作命令

 注意　进入没有安装操作系统的虚拟机会出现鼠标不能使用的情况，这时只要按Ctrl+Alt键切换到物理机就可以解决问题。

任务四　开启虚拟机64位支持

虚拟机创建好了，但此时只有硬件而没有运行系统。在VMware安装64位运行系统之前，需要物理机在BIOS中开启相应的功能，部分型号的计算机默认的是未开启。

进入BIOS设置（后面的章节会介绍进入BIOS的方法），找到"Intel Virtual Technology"项，将其设置为"Enabled"，设置好后按"F10"键保存并退出。如图5-15所示。

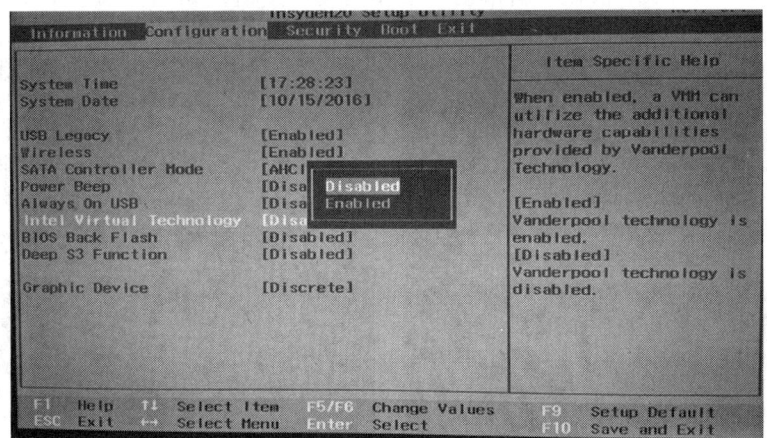

图5-15　开启虚拟机64位支持

操作三 **使用虚拟机安装**64位Windows 10**系统**

准备工作已完成，本操作开始介绍在VMware中安装操作系统。目前，安装操作系统主要采用光盘和U盘两种方式，本操作采用传统的类似于用光盘安装系统的方式来安装操作系统。

任务一 使用ISO文件安装Windows 10系统

安装Windows 10的步骤如下所述。

（1）单击"编辑虚拟机设置"，在弹出的窗口中单击"CD/DVD（SATA）"，然后单击"使用ISO映像文件"后面的"浏览"按钮，打开64位Windows 10的原版格式ISO映像，如图5-16所示。

扫码观看视频

图5-16 打开系统安装映像

（2）单击"虚拟机"下的"电源"中的"开机"，弹出"Windows安装程序"窗口，然后单击"下一步"按钮，再单击"现在安装"按钮，如图5-17所示。

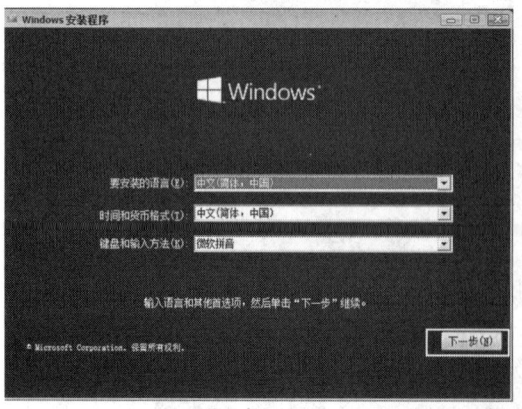

图5-17 安装Windows 10系统过程1

（3）选择要安装的"Windows 10　专业版"操作系统（一般都是选择专业版），然后单击"下一步"按钮，勾选"我接受许可条款"，再单击"下一步"按钮，如图5-18所示。

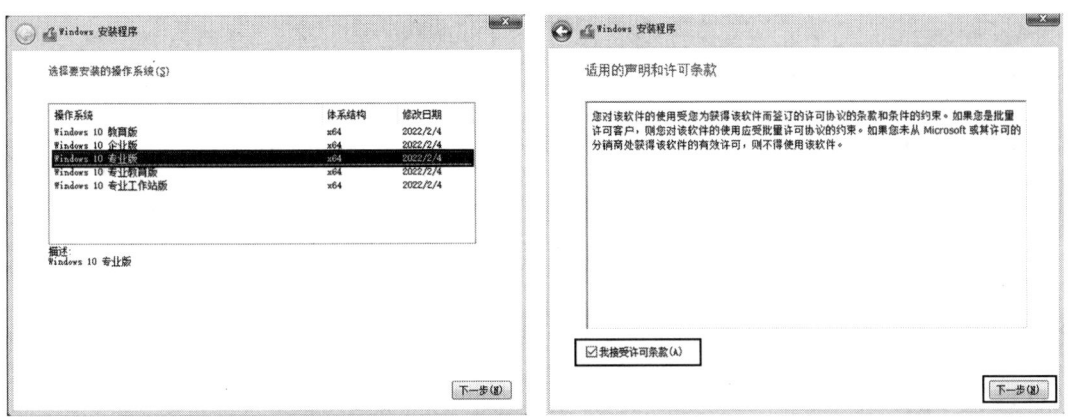

图5-18　安装Windows 10系统过程2

（4）选择"自定义：仅安装Windows（高级）"，显示"你想将Windows安装在哪里？"。由于计算机的硬盘是全新的，没有分区，单击"新建"，如果硬盘比较大，建议C盘留有200~300 GB的空间，如图5-19所示。后面的过程如图5-20~图5-26所示。

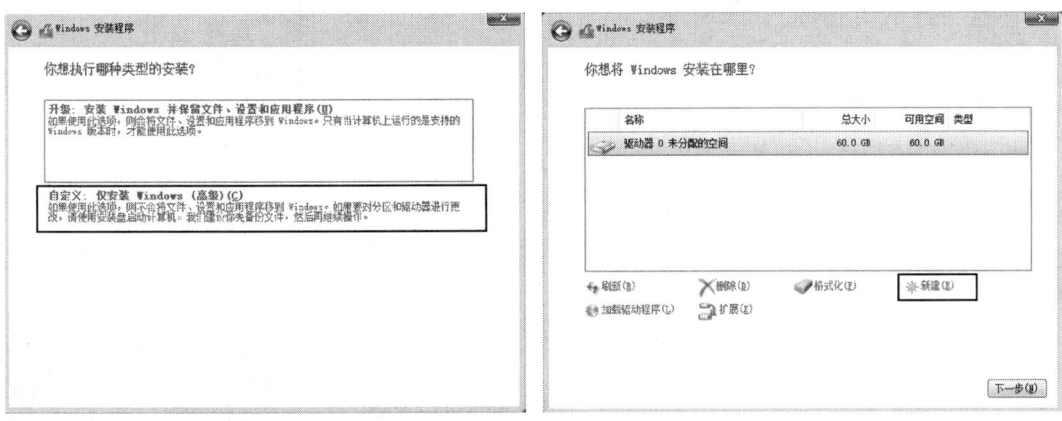

图5-19　安装Windows 10系统过程3

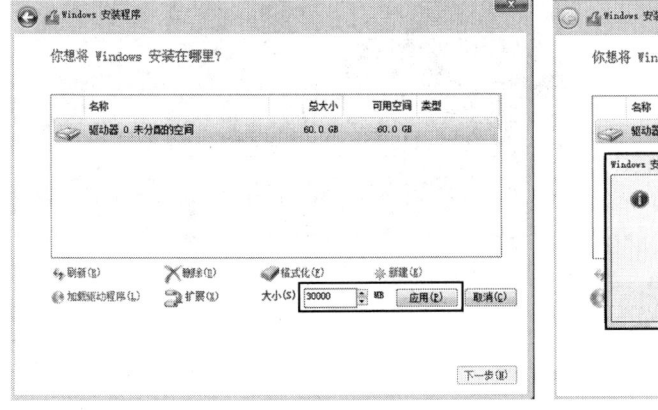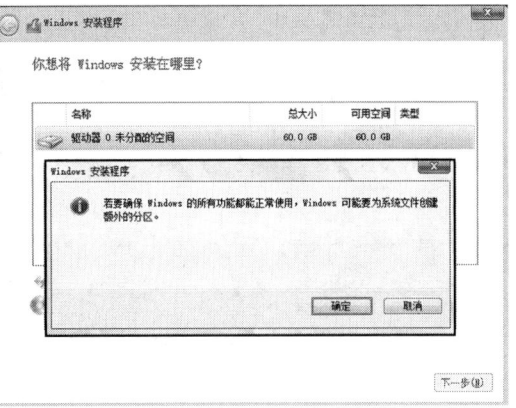

图5-20　安装Windows 10系统过程4

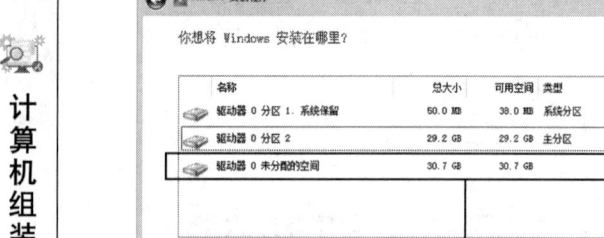

未分配的空间需要分配完

图5-21 安装Windows 10系统过程5

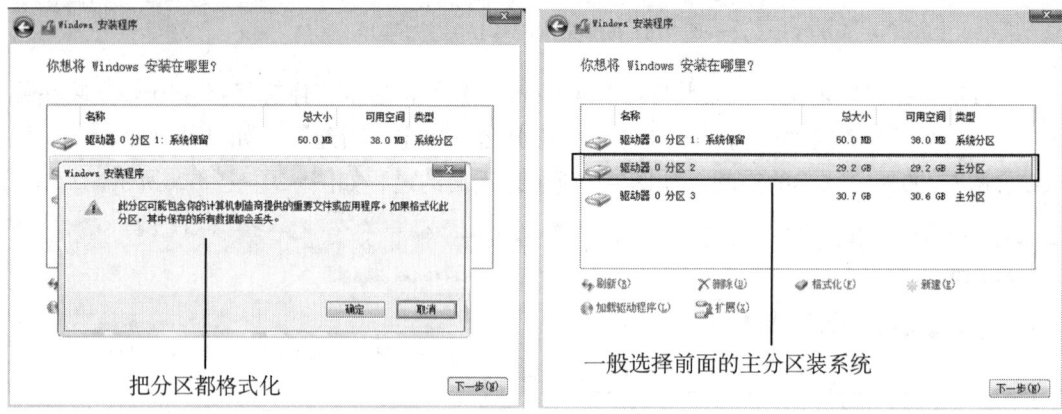

把分区都格式化

一般选择前面的主分区装系统

图5-22 安装Windows 10系统过程6

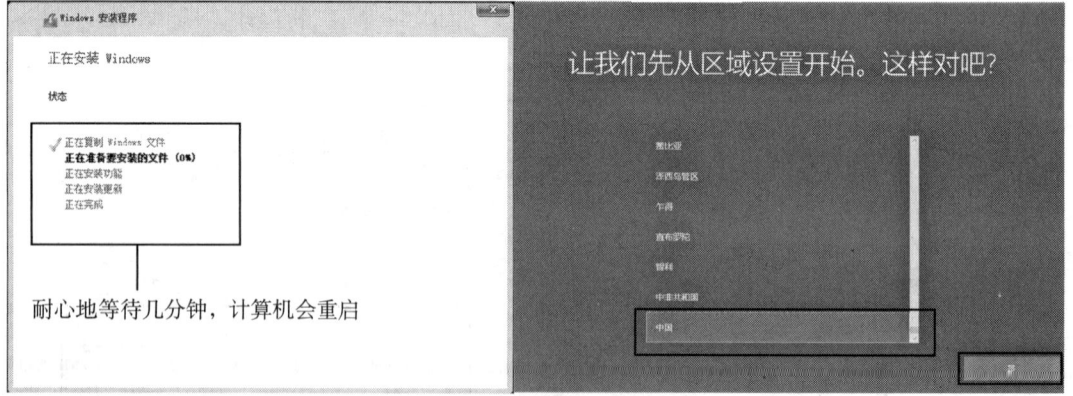

耐心地等待几分钟，计算机会重启

让我们先从区域设置开始。这样对吧?

图5-23 安装Windows 10系统过程7

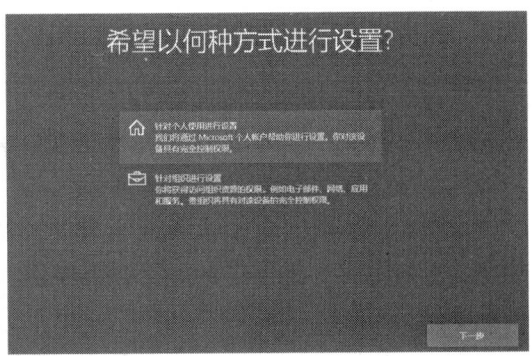

图5-24 安装Windows 10系统过程8

用邮箱格式任意输入一个账户

邮箱账户无效时再输入本地账户

再输入一次密码进行确认

图5-25 安装Windows 10系统过程9

图5-26 Windows 10系统安装完成

任务二　安装Windows 11系统

扫码观看视频

Windows 11的安装流程和Windows 10几乎一模一样，不同之处在于选择Windows 11系统。在图5-16那一步时，打开的是Windows 11原版格式的ISO镜像，启动后按提示操作即可。

在使用虚拟机安装Windows 11时可能会提示计算机不符合最低系统配置要求，此时需要修改安装镜像的注册表来绕过TPM、安全启动、CPU、内存和硬盘空间等的检测。

首先，安装时按快捷键Shift+F10，调出命令行，输入"regedit"命令后按Enter键，打开注册表，找到"HKEY_LOCAL_MACHINE\SYSTEM\Setup"。

然后，在Setup下新建项为"LabConfig"。

接着，在LabConfig项里创建6个DWORD（32位）值：设置"BypassTPMCheck""BypassSecureBootCheck""BypassRAMCheck""BypassCPUCheck""BypassStorageCheck"和"AllowUpgradesWithUnsupportedTPMOrCPU"的数值都为1。添加完之后，直接单击"关闭"按钮，注册表是自动保存的，如图5-27所示。

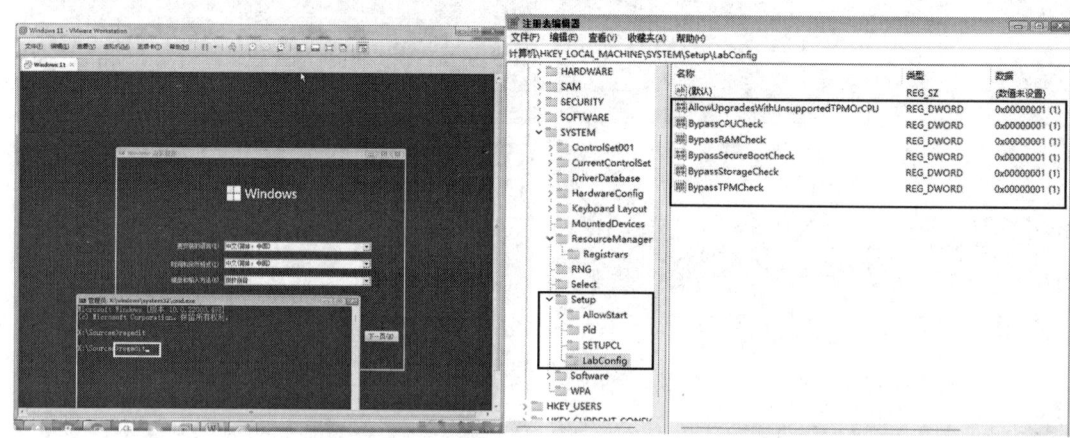

图5-27　安装Windows 11时的注册表设置

后面的步骤基本上就是按提示一步一步往下走，直到安装完成。

任务三　安装Windows 7系统

对比较老的计算机可以选择安装Windows 7，会安装Windows 10也就会安装Windows 7了，安装时选择不同的系统文件就可以了。

操作四　实现虚拟机文件共享

有时候需要把物理机的文件放入虚拟机，本操作学习如何实现这个功能。

扫码观看视频

任务一　安装VMware Tools

　　VMware本身提供了一个工具，虚拟机只要装好系统后，再安装对应版本的工具就可以实现文件共享了。安装VMware Tools还可以提升虚拟机的整体性能。

　　具体安装步骤如下所述。

　　（1）单击"虚拟机"菜单中的"安装VMware Tools"，弹出自动播放功能，运行安装文件，有些系统关闭了自动播放功能，则需要单击光驱运行安装文件。如图5-28所示。

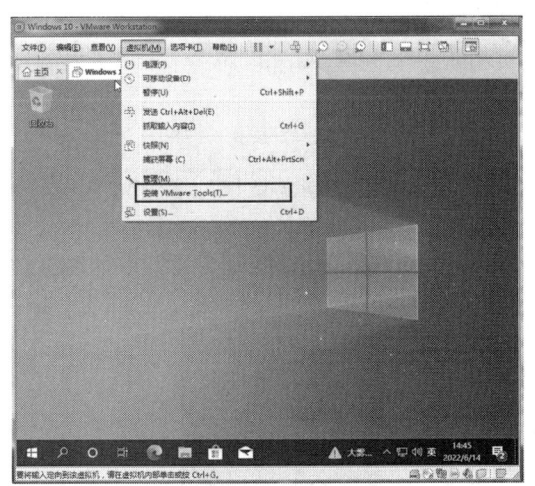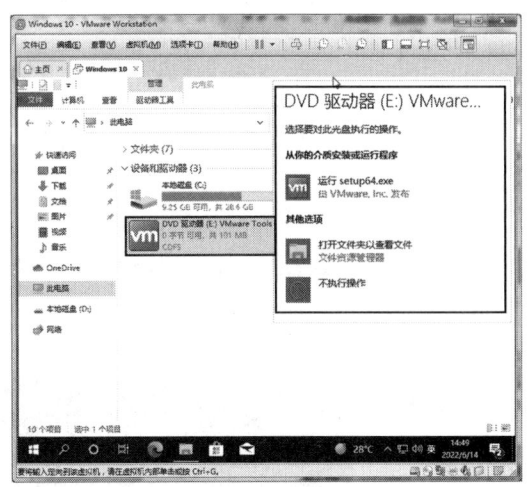

图5-28　安装VMware Tools 1

　　（2）单击"是"按钮，启动安装软件，如图5-29所示。

图5-29　安装VMware Tools 2

　　（3）单击"下一步"按钮，选择"典型安装"，安装最常用的功能，如图5-30所示。

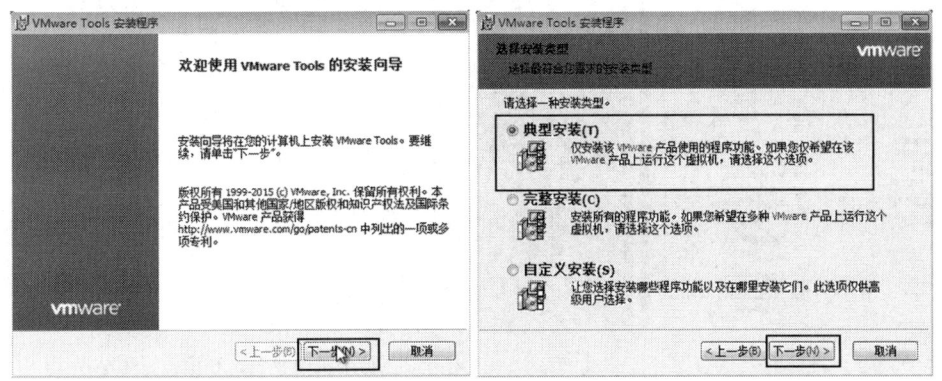

图5-30　安装VMware Tools 3

（4）安装完成后，计算机需要重新启动才能生效，如图5-31所示。

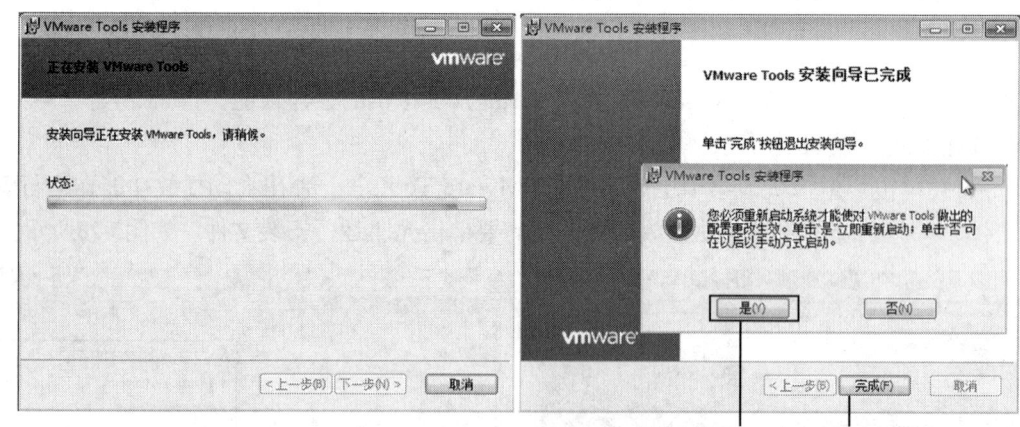

安装完成后，需要重启才能生效

图5-31　安装VMware Tools 4

（5）重启系统后，任务栏就会显示VM图标，VMware Tools也就生效了，如图5-32所示。

等图标亮了功能就生效了

图5-32　VMware Tools 生效

任务二　复制文件到虚拟机

在物理机中复制文件，然后将文件粘贴到虚拟机中，文件就复制到虚拟机中了，如图5-33所示。

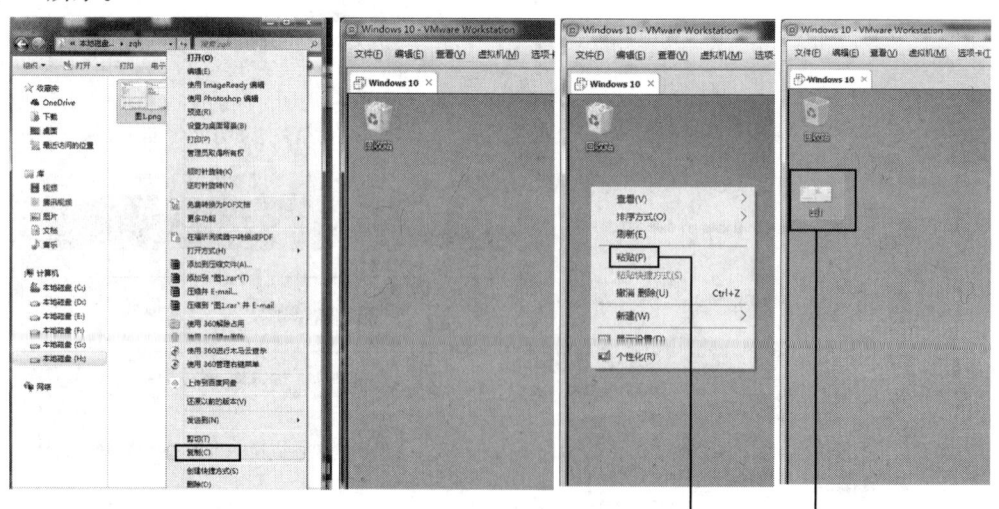

在物理机中复制，在虚拟机中粘贴

图5-33　复制文件到虚拟机

操作五 克隆虚拟机

在虚拟机中重复安装相同的系统是浪费时间的，本操作学习如何高效克隆一个装好系统的虚拟机。

在开机状态下无法克隆虚拟机，如图5-34所示。

扫码观看视频

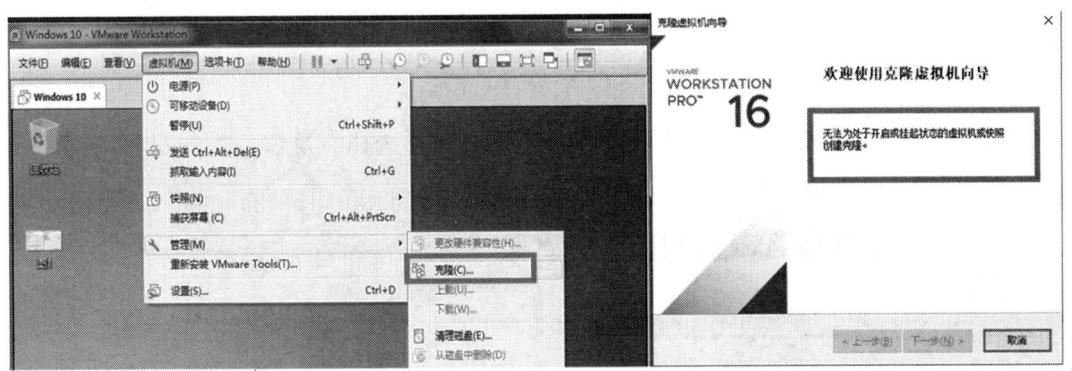

图5-34 克隆虚拟机失败

克隆虚拟机的步骤如下所述。

（1）先关机，然后克隆虚拟机，如图5-35所示。

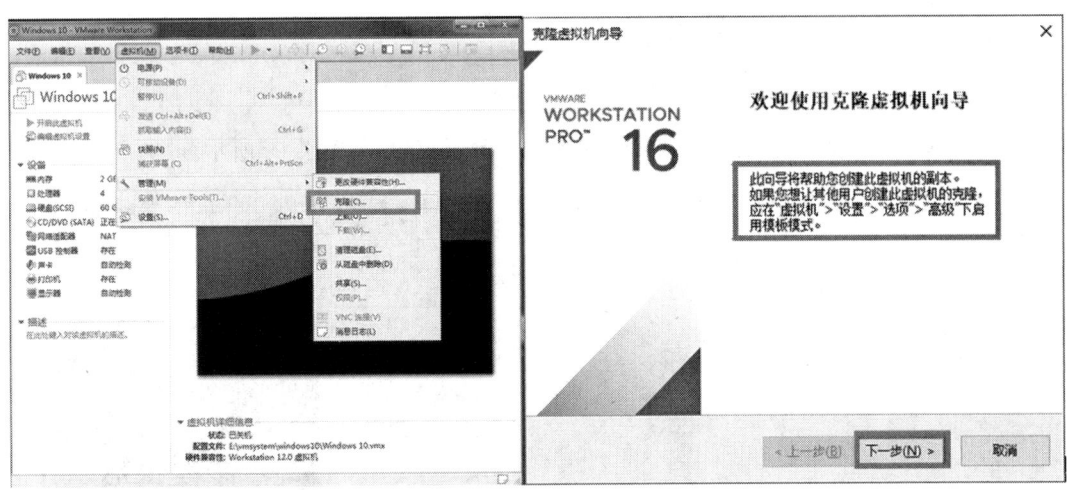

图5-35 关机状态下克隆虚拟机

（2）选择"虚拟机中的当前状态"选项，单击"下一步"按钮，再选择"创建完整克隆"选项，如图5-36所示。

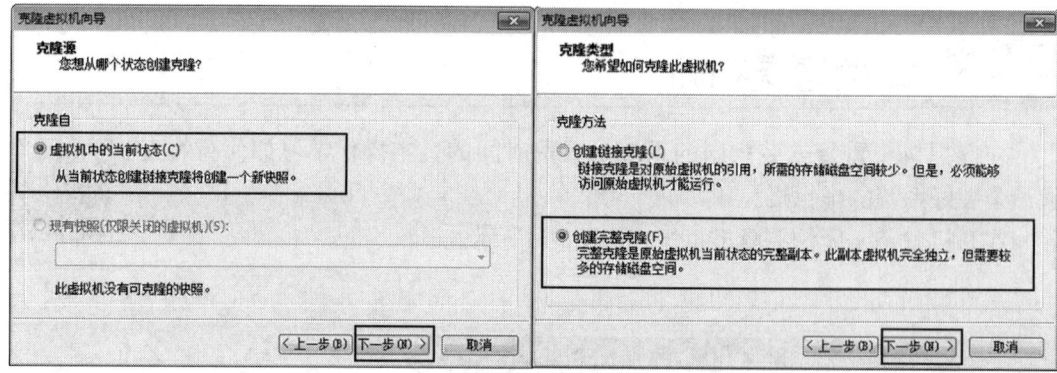

图5-36　克隆设置

（3）修改虚拟机的名称，便于辨识，装机位置要选择有足够空间的盘，单击"完成"按钮后等待，如图5-37所示。

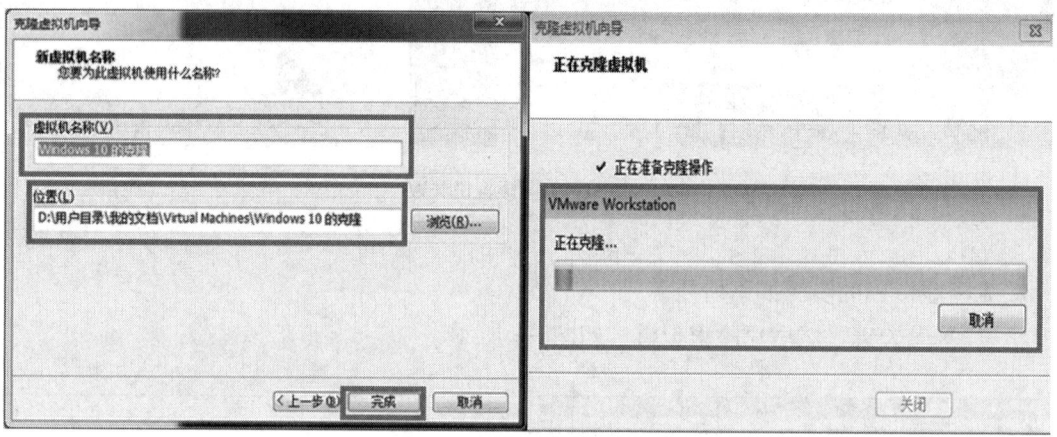

图5-37　克隆中

（4）单击"关闭"按钮，VMware中多了一台虚拟机，如图5-38所示。

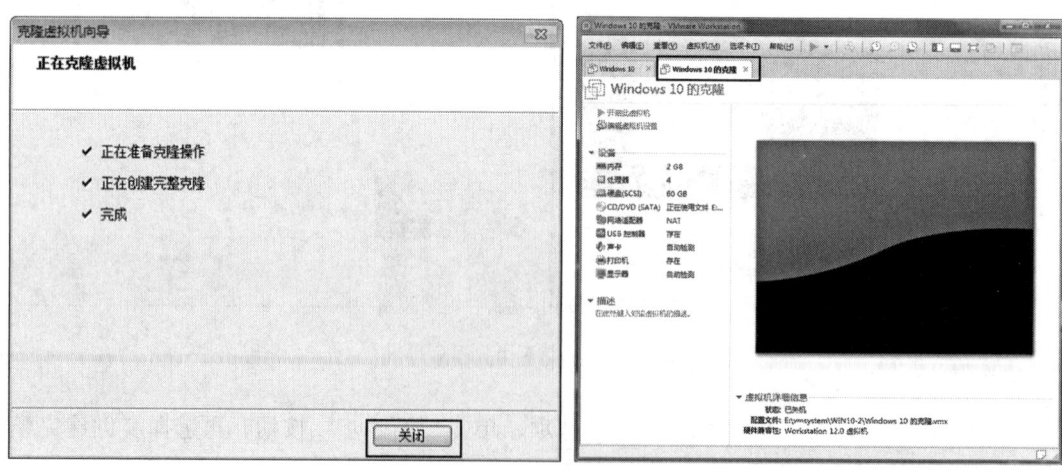

图5-38　克隆完成

❖ 项目总结

通过对本项目的学习，学习者掌握了虚拟机软件VMware的下载、安装和使用，能够开启虚拟机64位支持。

❖ 练习与实践

➤ 单选题

1. 下列软件中哪个是虚拟机软件？（　　　）

    A. GHOST   B. VM

    C. FDIDK   D. PM

2. 虚拟机创建好后，用什么开启虚拟机64位支持的功能？（　　　）

    A. VM软件   B. BIOS设置

    C. 系统   D．硬件

➤ 多选题

1. 下列哪些操作系统可以安装到虚拟机里面？（　　　）

    A. Windows XP   B. Windows 7

    C. Windows 10   D. LINUX

2. 下面哪些硬件是虚拟机可以配置的？（　　　）

    A. 处理器   B. 内存

    C. 硬盘   D. 网卡

➤ 判断题

1. 虚拟机中的系统不能上网。（　　　）

    A. 对   B. 错

2. 虚拟机的内存也是虚拟的，不会对物理机有影响。（　　　）

    A. 对   B. 错

🖐 实训任务一

通过VM创建一台虚拟机并安装操作系统	
项目背景 介绍	作为初学者，为了不影响物理计算机系统的使用，可以将所有操作都在虚拟系统里面进行，将这些操作放在虚拟机里面完成就不会影响物理计算机

计算机组装与维护

05

通过VM创建一台虚拟机并安装操作系统	
设计任务概述	（1）下载并安装VM软件 （2）创建一台虚拟计算机 （3）对创建的虚拟计算机进行开机、重启、关机、挂起等操作 （4）分别安装Windows 10、Windows 11、Windows 7操作系统，并实现文件共享
实训记录	
教师考评	评语： 辅导教师签字：＿＿＿＿＿＿

通过VM克隆虚拟机	
项目背景 介绍	在虚拟计算机上做实验，出了问题需要重装系统，这是很浪费时间的事情。可以把装好的虚拟机系统都复制一份，以后有需要时可免掉重复安装系统的麻烦。
设计任务 概述	（1）克隆Windows 10 （2）克隆Windows 11 （3）克隆Windows 7
实训记录	
教师考评	评语： 辅导教师签字：＿＿＿＿＿

项目六

安装操作系统

▲ 项目导读

当操作系统出问题时，需要给计算机更新操作系统时，操作者应该具备自己解决这些问题的能力。本项目主要讲述如何设置计算机固件（BIOS/UEFI），如何分区，如何安装系统和应用软件，目的是使读者能够独立完成硬盘分区以及系统安装等操作。

本项目的最后安排了实训任务——给计算机安装系统，通过实训任务使读者进一步掌握安装系统的技能。

▲ 重点与难点

● 通过BIOS设置计算机从U盘优先启动

● 操作系统的安装及激活

● 硬件驱动程序的安装

▲ 学习目标

- 掌握硬盘的分区操作
- 掌握操作系统的安装及激活
- 了解硬件驱动程序的安装

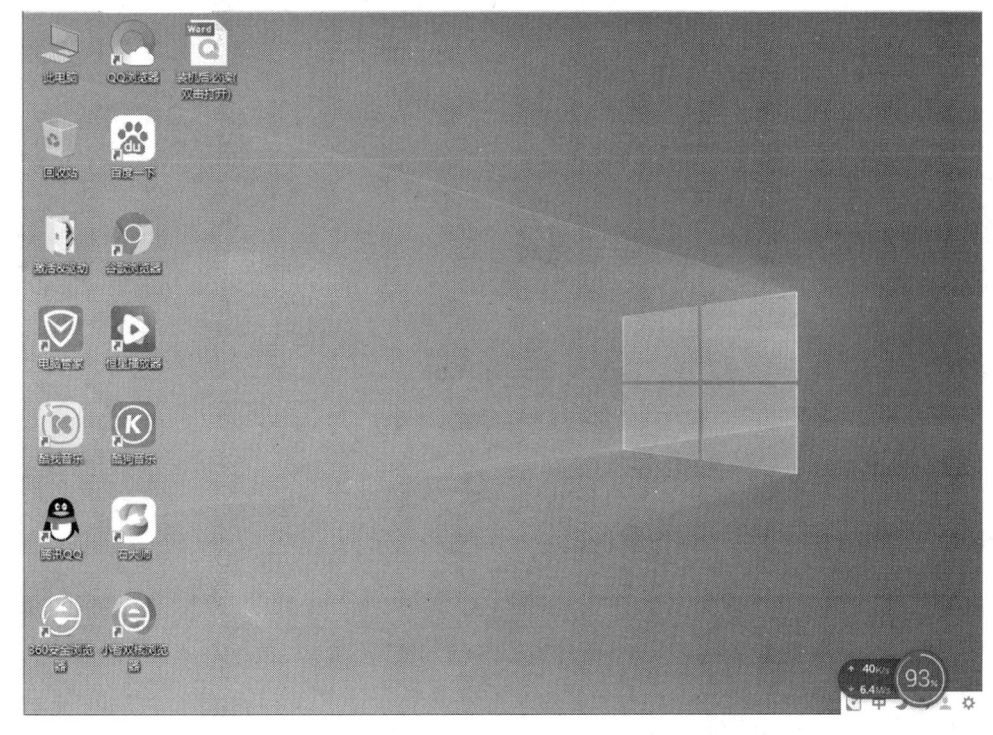

操作一 设置计算机从U盘优先启动

准备工作都做好后，下一步就是安装操作系统。安装操作系统使用最多的方式就是通过U盘来安装。要通过U盘安装，必须让计算机优先从U盘启动来读取U盘中的内容。本操作将学习如何设置虚拟机和物理机优先从U盘启动。

任务一 设置虚拟机从U盘启动

虚拟机不支持直接从U盘启动，因此要将U盘挂接为一块虚拟硬盘，再通过BIOS设置，将U盘模拟成的硬盘设置成优先启动，这样就可以实现用U盘安装操作系统了。

扫码观看视频

设置虚拟机从U盘启动的步骤如下所述。

（1）打开虚拟机，单击"编辑虚拟机设置"，在"虚拟机设置"窗口单击"添加"按钮，如图6-1所示。

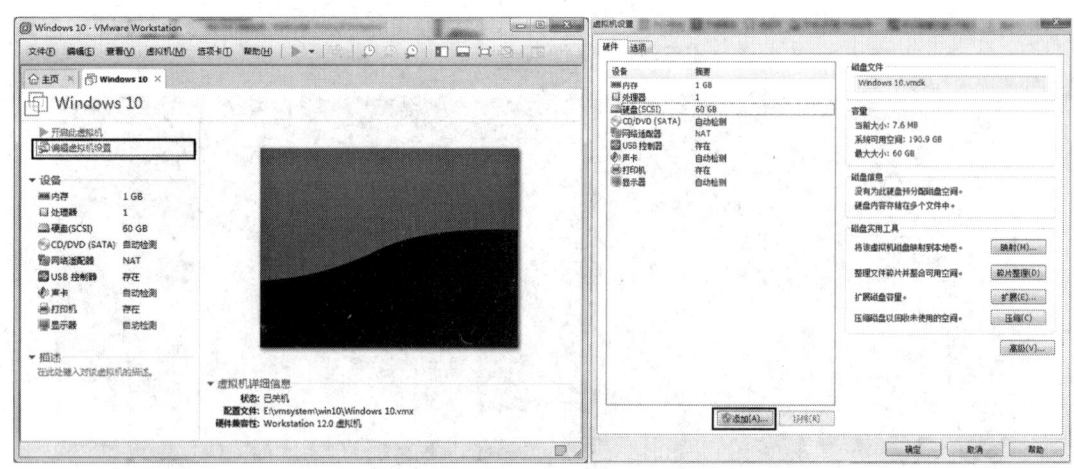

图6-1　U盘挂接为硬盘1

（2）在"添加硬件向导"窗口中的硬件类型框内选择"硬盘"，单击"下一步"按钮，在"虚拟磁盘类型"中保持默认选项，如图6-2所示。

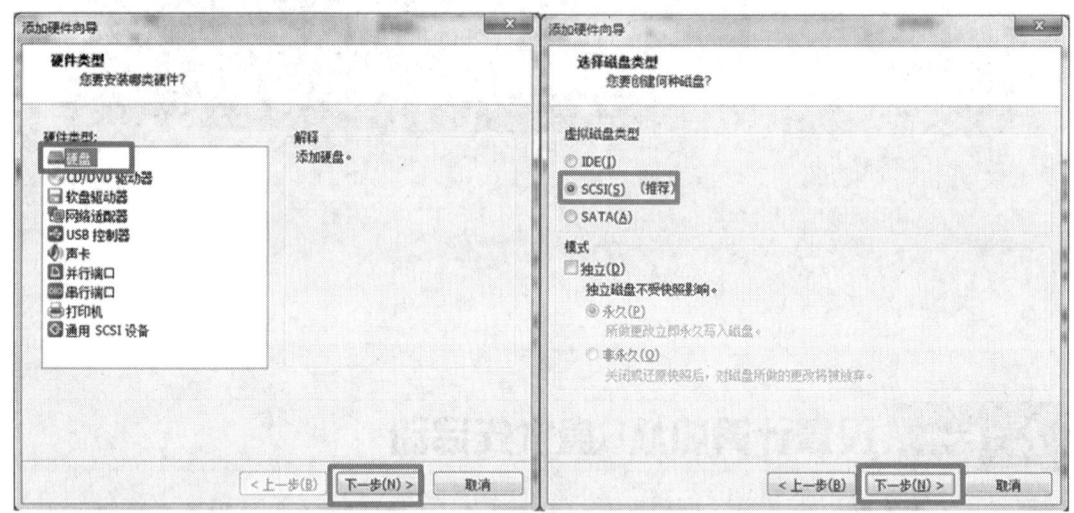

图6-2　U盘挂接为硬盘2

（3）单击"下一步"按钮，在"选择磁盘"中选择"使用物理磁盘（适用于高级用户）"，单击"下一步"按钮，再在"选择物理磁盘"的"设备"下拉列表中选择"Physical Drive 1"（Physical Drive 0表示物理计算机的硬盘，Physical Drive 1就是U盘，如果物理计算机有两块硬盘，那U盘就是Physical Drive 2），如图6-3所示。

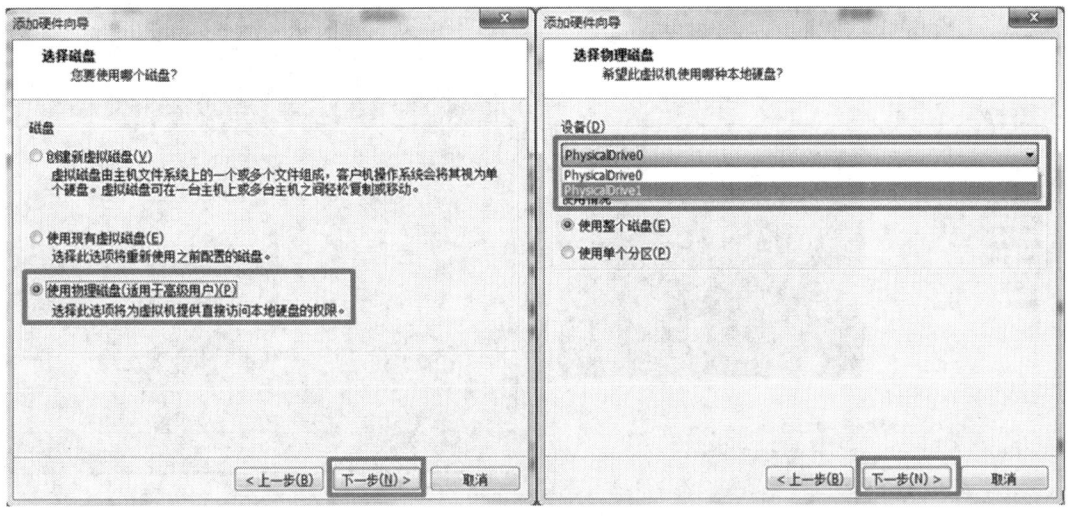

图6-3　U盘挂接为硬盘3

（4）设置完成后单击"完成"按钮，保存磁盘文件，此时U盘挂接为一块虚拟硬盘，连到了虚拟机中，如图6-4右侧图所示。

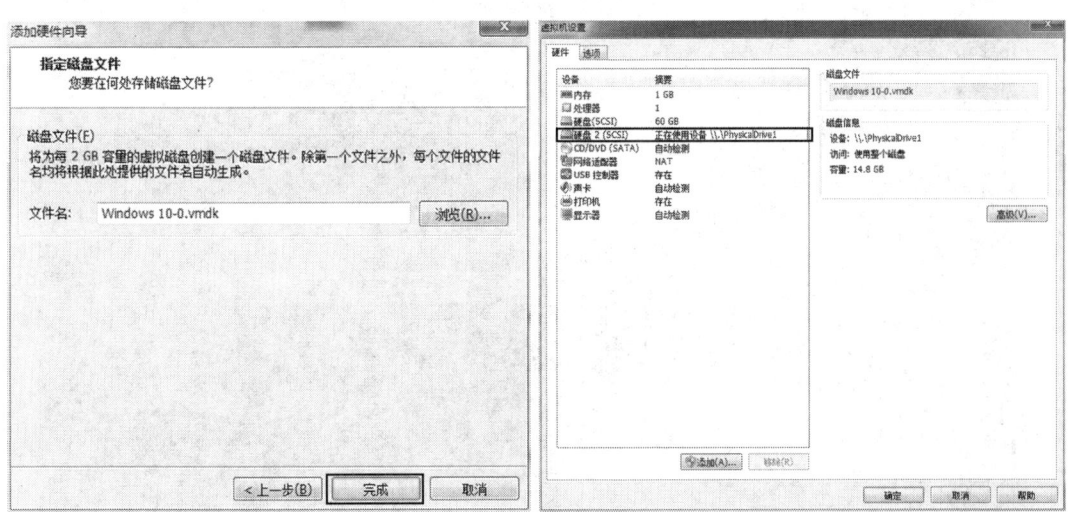

图6-4　U盘挂接为硬盘4

（5）单击"打开电源时进入固件"启动虚拟机，进入虚拟机的BIOS设置，进入"Boot"菜单，将上面新增加的硬盘（U盘）调整到最上面，如图6-5所示。

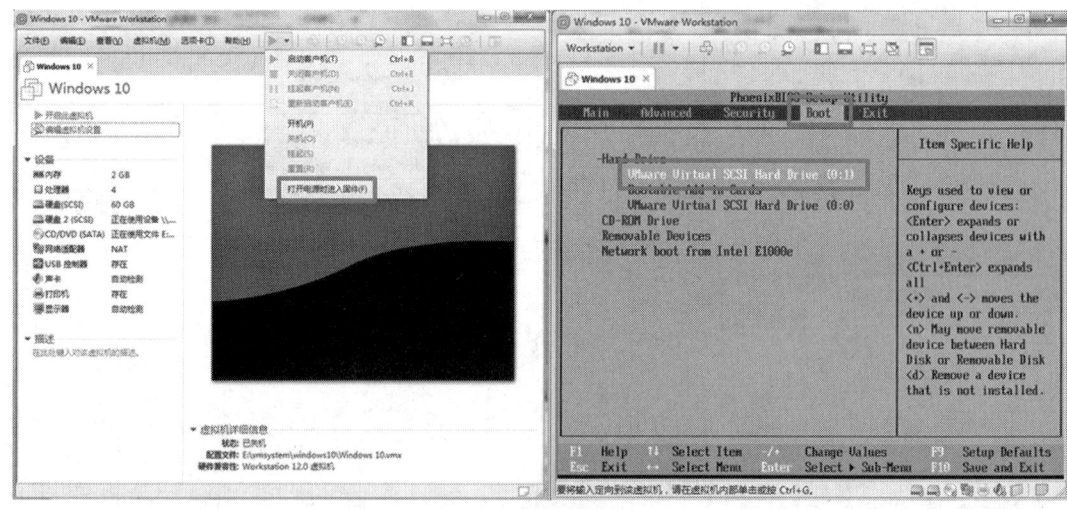

图6-5　U盘启动虚拟机

（6）按"F10"键，保存对BIOS设置的修改，重启虚拟机。当看到U盘的启动界面出现在虚拟机中时，虚拟机就能成功从U盘启动了。启动画面如图6-6所示。

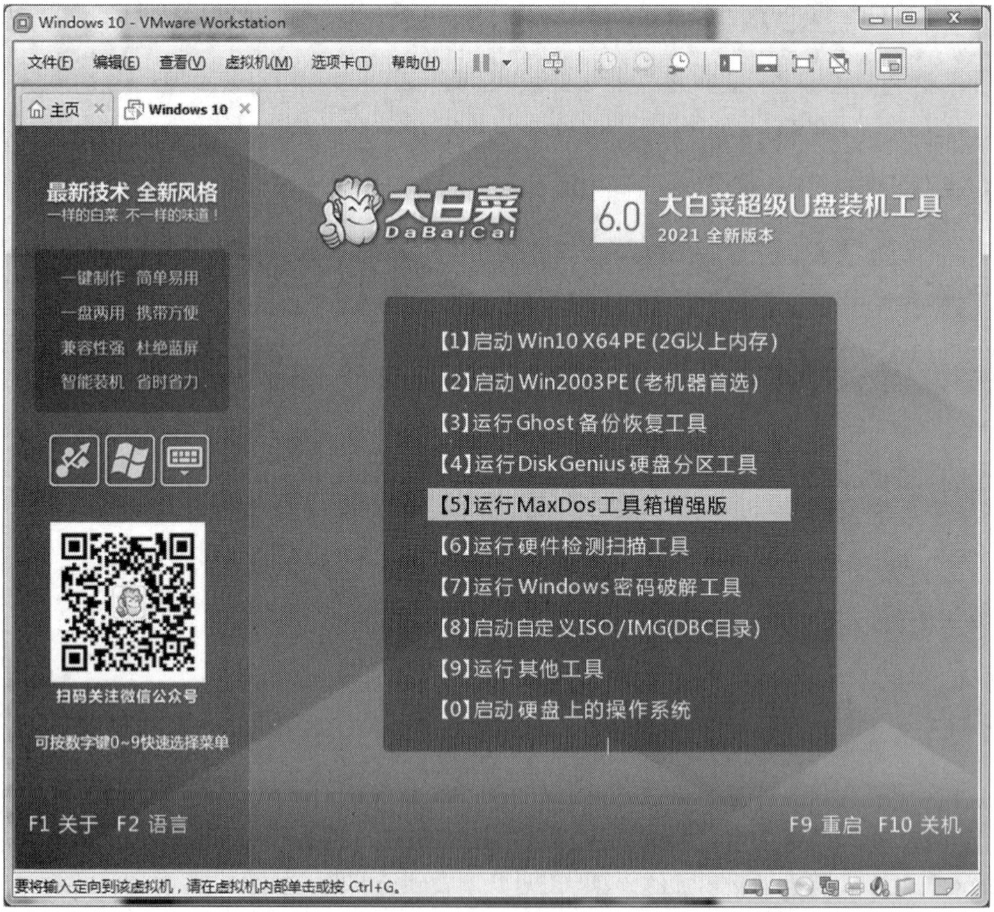

图6-6　U盘启动界面

任务二　设置物理机从U盘启动

设置物理机从U盘启动比较容易，物理机支持直接从U盘启动，只要直接进入BIOS设置启动顺序就可以。

1. BIOS 与 UEFI

如图6-7所示，传统的计算机通常都是使用BIOS引导。开机后BIOS初始化，然后BIOS自检，再引导操作系统，接着进入系统就能显示桌面了。

UEFI引导的流程是开机后UEFI初始化，然后直接引导操作系统，接着进入系统。和传统的BIOS引导相比，UEFI引导少了一道BIOS自检的过程，所以开机会更快一些，因此成为了计算机的新宠。

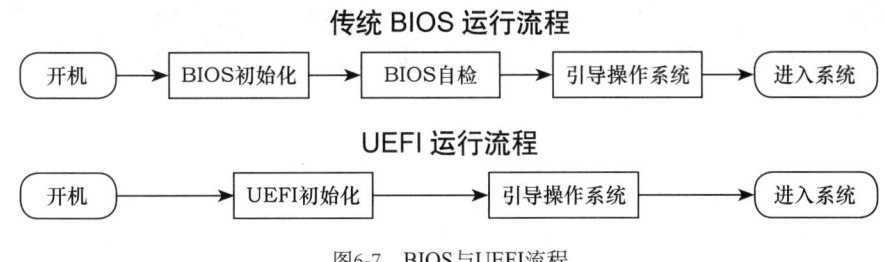

图6-7　BIOS与UEFI流程

UEFI模式是一种新的启动模式，它支持全新的GPT分区模式，开机速度更快，更安全，而且UEFI程序采用C语言图形化界面，支持多种语言显示，同时支持键盘和鼠标操作。

基本输入输出系统（Basic Input Output System，简称BIOS），它是一组固化到计算机内主板上一个ROM芯片上的程序，它保存着计算机最重要的基本输入输出程序、系统设置信息、开机后自检程序和系统自启动程序等。其主要功能是为计算机提供最底层的、最直接的硬件设置和控制。BIOS属于计算机的固件程序，UEFI则是一种新型的计算机固件。

现在的计算机，特别是笔记本电脑，一般都是UEFI程序，支持UEFI启动的U盘可以支持直接启动。对于非UEFI的U盘，则要先关闭UEFI功能才能通过该U盘启动。

2. 如何进入 BIOS 设置程序

现在的计算机种类繁多，进入BIOS设置程序的按键也不尽相同。常见的主板BIOS程序有Award BIOS、AMI BIOS（Phoenix BIOS）和 Insyde H20 Bios三种类型。不管哪种类型的BIOS，都需要在计算机刚通电的时候去按对应的按键。常用按键有：F1、F2、ESC、F8、F9、F10、F12、DEL。无效的话可以根据计算机机型查询，也有部分计算机在开机时可在屏幕上看到按键的提示，一般在屏幕的左下角或者右下角，如图6-8所示。

图6-8　进入BIOS的按键提示

注意　　必须在开机时就要按键，迟了就进入不了BIOS设置程序。有些型号的笔记本电脑需要按住Fn，再按上述按键。

3. 如何将计算机设置为从 U 盘启动

　　这里以最常用的AMI BIOS为例进行介绍，其他类型的BIOS设置也差不多，使用者可以查阅相关资料。现在生产的大多数计算机只要把U盘插好，一般就会默认从U盘启动，大家可以试试。

　　将计算机设置为从U 盘启动的步骤如下所述。

　　（1）先把U盘插好，然后按开机按键进入BIOS设置界面，移动方向键选择"BOOT"菜单，再选择"Hard Disk Drives"进入，如图6-9所示。

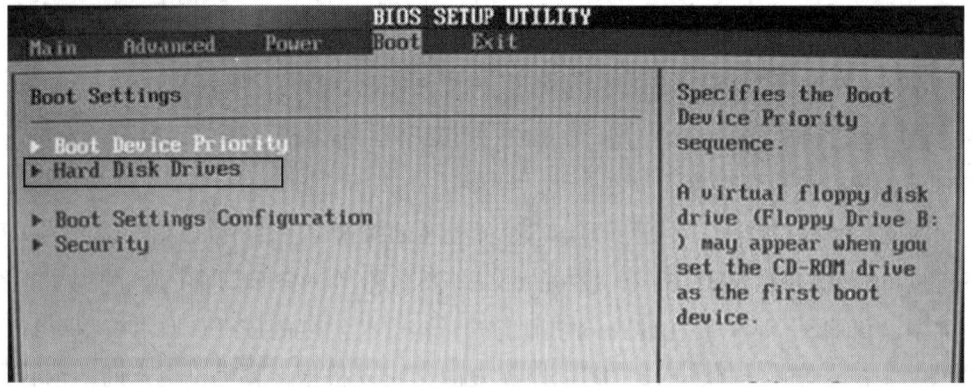

图6-9　选择Hard Disk Drives

提示　　有些版本的AMI BIOS没有这一项，可以跳过这项直接到下一项设置。

（2）在"Hard Disk Drives"里设置U盘为第一启动设备，用Enter键加方向键选择，如图6-10所示。

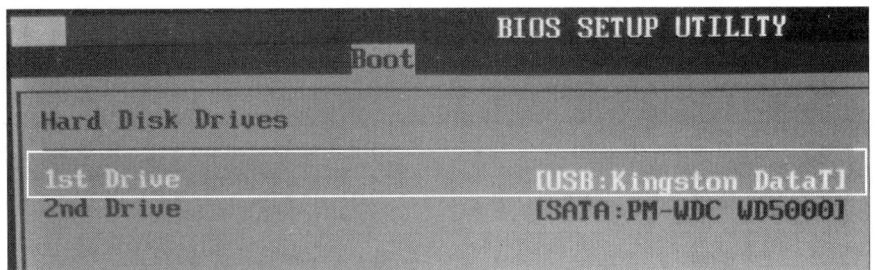

图6-10　设置U盘为第一启动设备

（3）按Esc键返回，再选择"Boot Device Priority"进入，如图6-11所示。

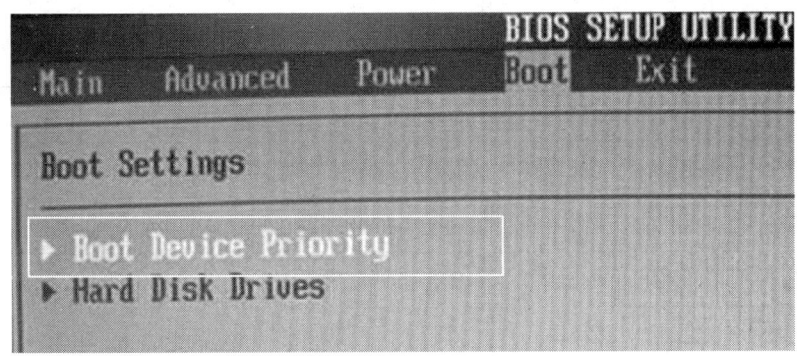

图6-11　选择Boot Device Priority

（4）再次选择U盘为第一启动设备，如图6-12所示。

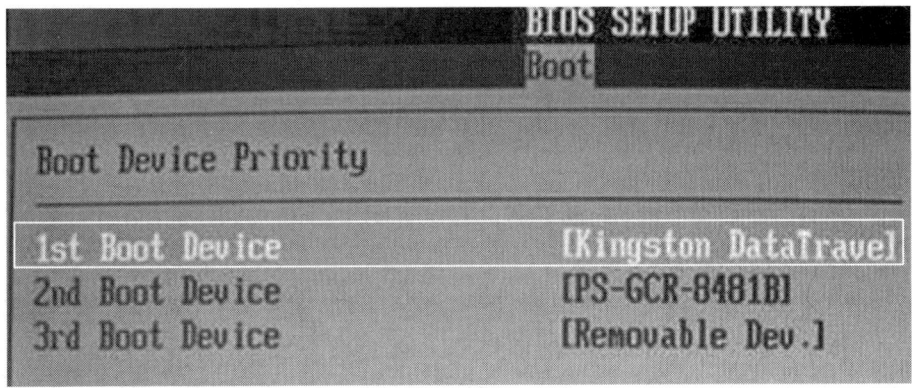

图6-12　设置U盘为第一启动设备

（5）按Esc键返回，再按 F10 键保存，设置完成。

4. 利用热键从 U 盘启动

设置启动顺序比较麻烦，也有更快速从U盘启动的方法，但前提是BIOS目前设定的模式适合使用者的U盘。在这种情况下，可以不进入设置，使用快捷键调用启动菜单，再直接选U盘启动。各种品牌的产品快捷键如表6-1所示。

表6-1 调用启动菜单的快捷键

组装机主板				笔记本				品牌台式机	
品牌	按键	品牌	按键	品牌	按键	品牌	按键	品牌	按键
华硕	F8	冠盟	F11或F12	联想	F12	方正	F12	联想	F12
技嘉	F12	富士康	Esc或F12	宏基	F12	清华同方	F12	惠普	F12
微星	F11	顶星	F11或F12	华硕	ESC	微星	F11	宏基	F12
映泰	F9	铭瑄	Esc	惠普	F9	明基	F9	戴尔	Esc
梅捷	Esc或F12	盈通	F8	ThinkPad	F12	技嘉	F12	神舟	F12
七彩虹	Esc或F11	捷波	Esc	戴尔	F12	Gateway	F12	华硕	F8
华擎	F11	Intel	F12	神舟	F12	索尼	Esc	方正	F12
斯巴达克	Esc	杰微	Esc或F8	东芝	F12			清华同方	F12
昂达	F11	致铭	F12	三星	F12			海尔	F12
双敏	Esc	磐英	Esc	IBM	F12			明基	F8
翔升	F10	磐正	Esc	富士通	F12				
精英	Esc	冠铭	F9	海尔	F12				

注意 在使用之前，需要将做好的U盘启动盘插入USB插口中，接着重新启动计算机或者开启计算机，在见到带有品牌LOGO的开机界面时迅速按下启动快捷键方能成功使用。不能保证各厂家的快捷键永久不变，不对时可尝试其他快捷键。

按下快捷键会出现类似图6-13的界面。注意有UEFI支持的和没有UEFI的差别，实在搞不清其中的差别可以都尝试一下。

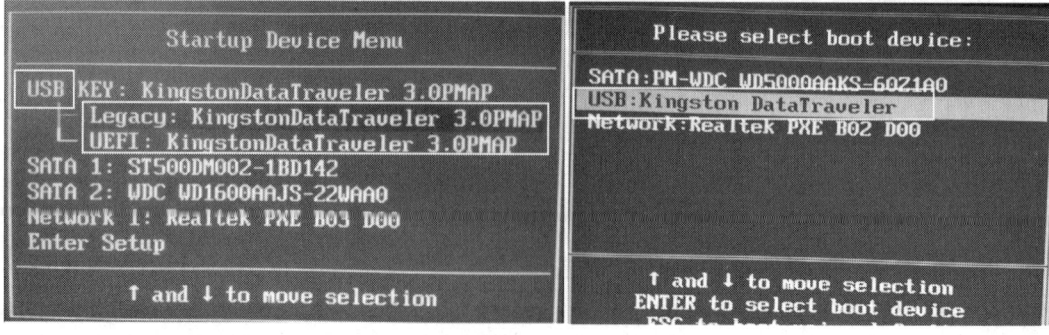

不同品牌的计算机会有小的差异

图6-13 快捷键调用的启动菜单

任务三　用U盘启动计算机

同虚拟机一样，U盘成功启动计算机会出现图6-14所示的界面。

扫码观看视频

图6-14　U盘启动计算机界面

一般情况下，新计算机选【1】进入，旧计算机选【2】（虚拟机建议使用此项）进入，【1】和【2】的差别主要是对新老硬件的支持有差别。不能确定时可以每个都试试，哪个能用选哪个。进入之后，界面如图6-15所示。

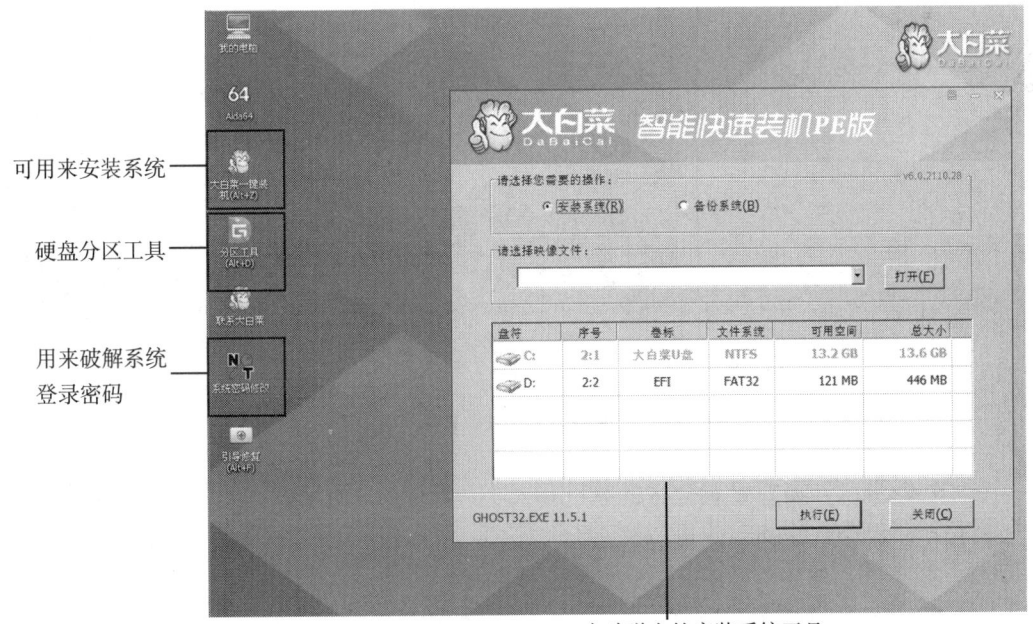

可用来安装系统

硬盘分区工具

用来破解系统登录密码

自动弹出的安装系统工具
不直接安装系统时可先关闭

图6-15　U盘启动计算机后的界面

操作二　硬盘分区

新硬盘或是对硬盘分区不满意都需要重新分区。如果计算机已经分好区，只是重装系统的话，就不要重新分区了，否则硬盘中的数据会全部丢失。本操作主要讲解利用DiskGenius分区软件对硬盘分区。

扫码观看视频

任务一　快速分区

双击DiskGenius分区工具，在打开的分区工具窗口中选中需要分区的硬盘，然后单击"快速分区"进入下一步操作，如图6-16所示。

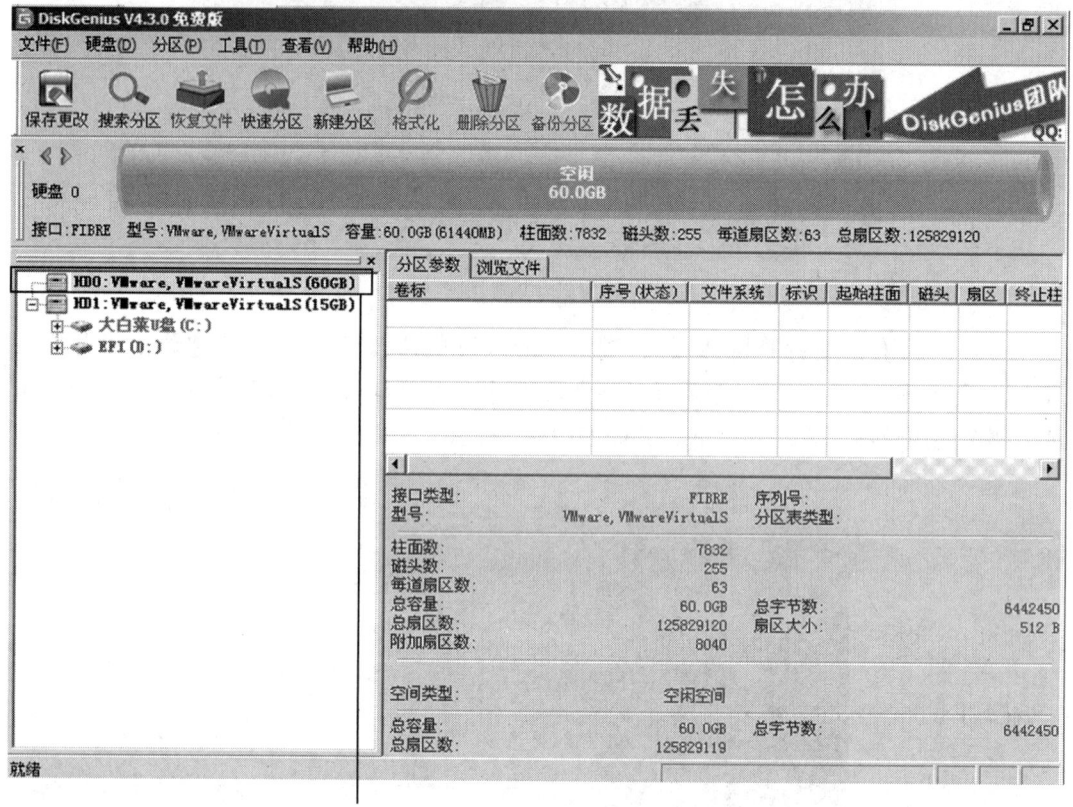

先选择硬盘再操作

图6-16　快速分区界面

在"快速分区"窗口设置分区的数目和大小，如图6-17所示。

最后按"确定"按钮，完成分区。

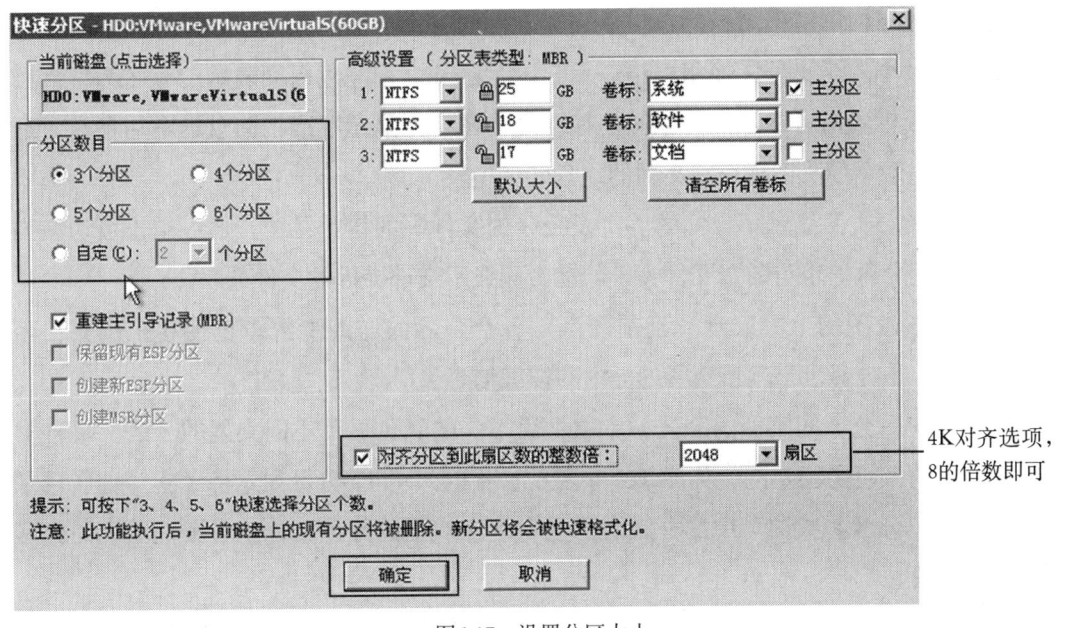

图6-17 设置分区大小

任务二 DiskGenius主界面

DiskGenius的主界面由三部分组成。分别是：硬盘分区结构图、分区、目录层次图、分区参数图，如图6-18所示。

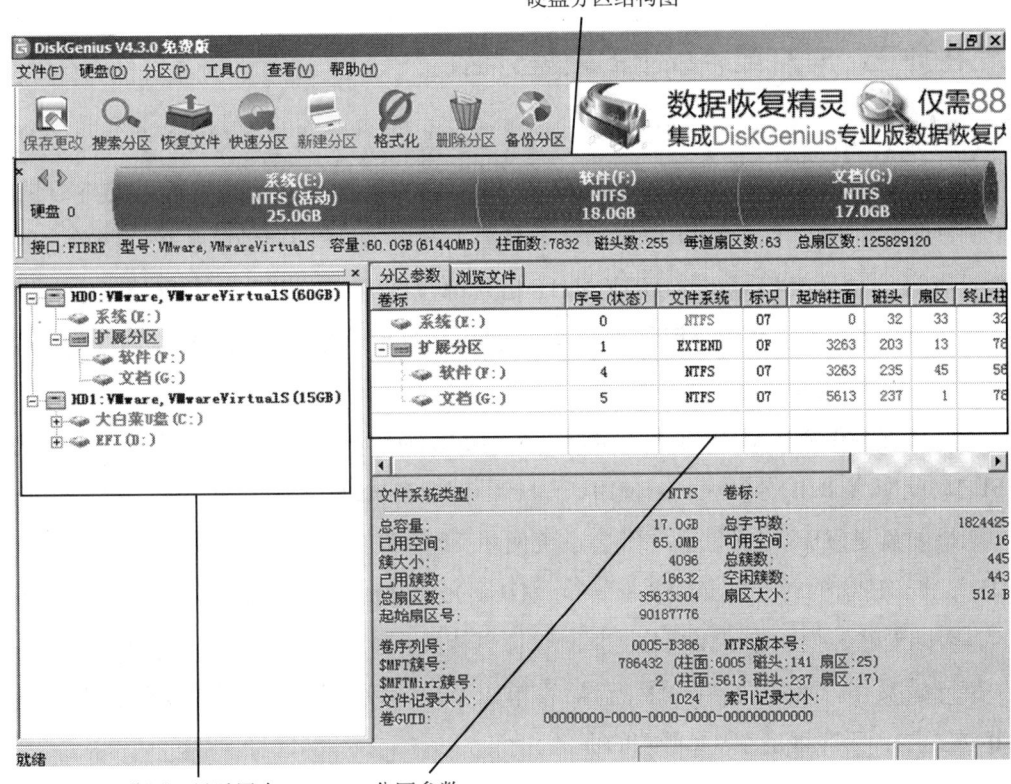

图6-18 DiskGenius的主界面

硬盘分区结构图用不同的颜色显示当前硬盘的各个分区。用文字显示分区卷标、盘符、类型、大小。逻辑分区使用网格表示，以示区分。用亮色框圈表示的分区为"当前分区"。用鼠标单击可在不同分区间切换。结构图下方显示了当前硬盘的常用参数。通过单击左侧的两个箭头图标可在不同的硬盘间切换。

分区目录层次图显示了分区的层次及分区内文件夹的树状结构。通过单击可切换当前硬盘和当前分区。也可单击文件夹，即在右侧显示文件夹内的文件列表。

在分区参数图的上方显示"当前硬盘"各个分区的详细参数，包括起止位置、名称、容量等，下方显示当前所选择的分区的详细信息。

为了方便区分不同类型的分区，本软件用不同的颜色显示不同类型的分区。每种类型分区使用的颜色是固定的，如FAT32分区显示蓝色、NTFS分区显示棕色。"分区目录层次图"及"分区参数图"中的分区名称也有相应类型的颜色区分。各个视图中的分区颜色是一致的。

"当前硬盘"是指当前选择的硬盘。"当前分区"则是指当前选择的分区。本软件对硬盘或分区的多数操作都是针对"当前硬盘"或"当前分区"的，所以在操作前首先要选择"当前硬盘"或"当前分区"。

主界面的三个部分之间具有联动关系，当在任意一个图中单击一个分区（更改当前分区），另外两部分也将立即切换到被单击的分区。

任务三　对3T或3T以上的硬盘分区

目前主流分区表的格式有两种，一种是老一代的MBR格式，对老计算机老系统的兼容性好，但最大只支持2T的硬盘；另一种是GUID（GPT）格式，可以支持3T或3T以上的硬盘，但主板要支持UEFI启动，并且要安装支持UEFI启动的系统。因此，如果硬盘只有2T，分区表格式用MBR或GUID格式都没问题；如果是大于2T的硬盘，则只能选择GUID格式。这两种分区格式可以通过DiskGenius相互转换，操作命令如图6-19所示。

软件都支持传统的MBR分区表类型及较新的GUID分区表类型。目前，计算机使用UEFI启动就配套GUID分区表，不使用UEFI启动就配套MBR。

如果硬盘是MBR格式，又想安装系统使用UEFI功能，就需要将分区表类型转换为GUID格式。磁盘的首尾部必须要有转换到GUID分区所必须的空闲扇区（几十个扇区即可），否则无法转换，也可以把分区都删除掉再转换。

执行该操作，选择要转换的磁盘后，单击菜单"硬盘"下的"转换分区表类型为GUID格式"，程序弹出图6-20所示的提示。

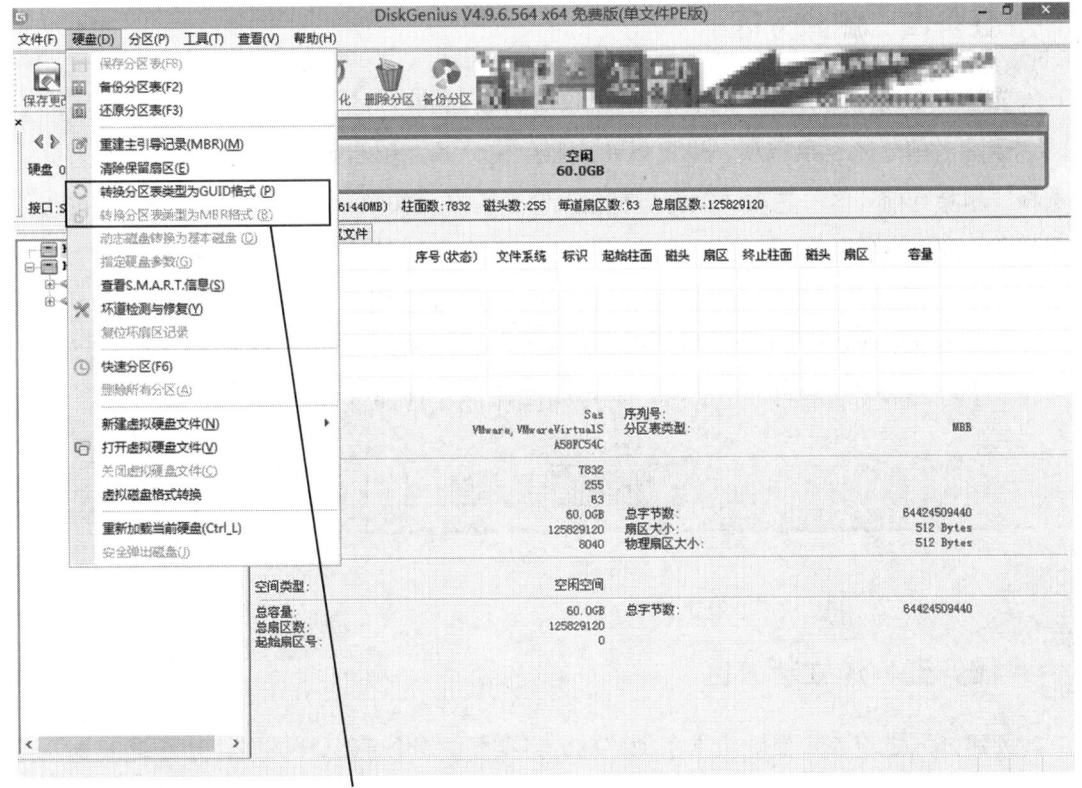

目前是MBR格式，可以转换成GUID

图6-19　分区格式转换操作命令

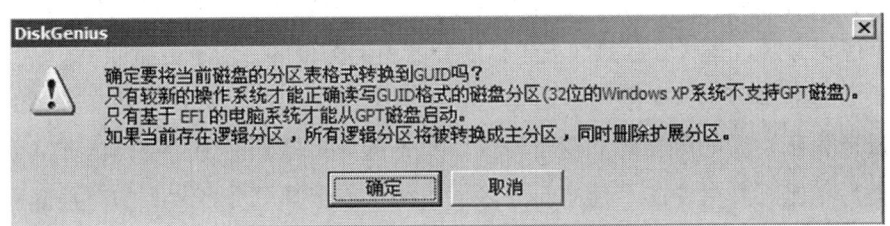

图6-20　转换分区表类型为GUID格式的提示

　　单击"确定"按钮完成转换。执行"保存分区表"命令后该转换才会生效。

　　GUID格式的硬盘想转成MBR格式有一定的条件限制，这是由于MBR分区表有一定的限制（如主分区数目不能超过4个等）。在转换时，如果分区数目多于4个，软件将首先尝试将后部的分区逐一转换为逻辑分区。如果无法转换到逻辑分区，则表示分区表类型转换失败。当然，删除掉分区再转肯定没有问题。选择要转换的磁盘后，单击菜单"硬盘"下的"转换分区表类型为MBR格式"命令，程序弹出图6-21所示的提示。

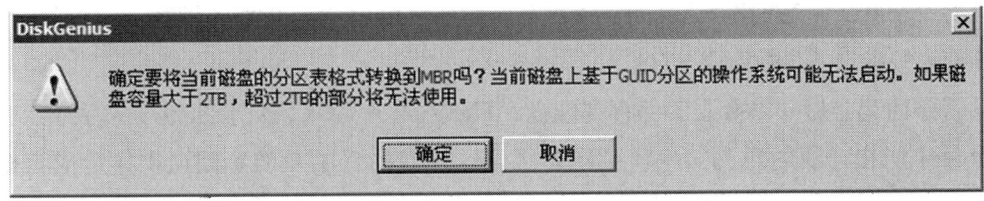

图6-21　转换分区表类型为MBR格式

任务四　删除分区

先选择要删除的分区，然后单击工具栏按钮"删除分区"，或单击菜单"分区"下的"删除当前分区"菜单项，也可以在要删除的分区上单击鼠标右键，在弹出的菜单中选择"删除当前分区"选项。执行后将显示警告信息，如图6-22所示。单击"是"按钮即可删除当前选择的分区。

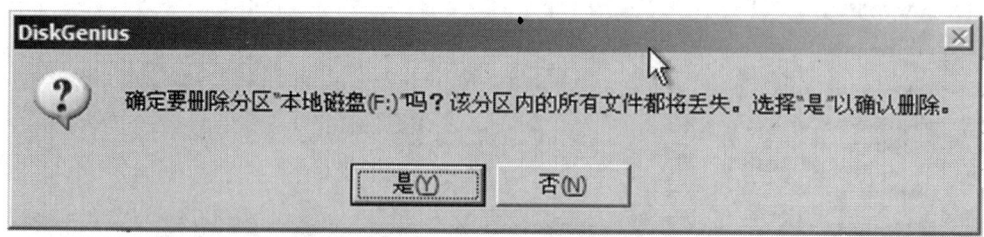

图6-22　删除分区

任务五　建立新分区

创建分区之前首先要确定准备创建的分区类型，分区有三种类型，分别是主分区、扩展分区和逻辑分区。主分区是直接建立在硬盘上，一般用于安装及启动操作系统的分区。由于分区表的限制，一个硬盘上最多只能建立四个主分区，或三个主分区和一个扩展分区。扩展分区是指专门用于包含逻辑分区的一种特殊主分区，可以在扩展分区内建立若干个逻辑分区。逻辑分区是建立于扩展分区内部的分区，没有数量限制。

如果要建立主分区或扩展分区，首先在硬盘分区结构图上选择要建立分区的空闲区域（以灰色显示）。如果要建立逻辑分区，要先选择扩展分区中的空闲区域（以亮色显示），然后单击工具栏中的"建立新分区"按钮，或选择"分区"下的"建立新分区"菜单项，也可以在空闲区域上单击鼠标右键，然后在弹出的菜单中选择"建立新分区"选项。程序会弹出"建立新分区"对话框，如图6-23所示。

按需要选择分区类型、文件系统类型、输入分区大小后单击"确定"按钮即可建立分区。

对于某些采用了大物理扇区的硬盘，其分区应该对齐到物理扇区个数的整数倍，否则读写效率会下降，比如4 KB物理扇区的"高级格式化"硬盘。面对此类硬盘，应该勾选"对齐到下列扇区数的整数倍"并选择需要对齐的扇区数目。

对于GUID分区表格式，还可以设置新分区的更多属性。设置完参数后单击"确定"按钮即可按指定的参数建立分区。

新分区建立后并不会立即保存到硬盘，仅在内存中建立，只有执行"保存分区表"命令后才能在"我的电脑"中看到新分区。这样做的目的是防止因误操作造成数据破坏。要使用新分区，还需要在保存分区表后对其进行格式化。在保存分区表时，软件一般会提示格式化，选"是"选项即可。

活动分区是指用以启动操作系统的一个主分区。一块硬盘上只能有一个活动分区。一般情况下，软件会自动选好。

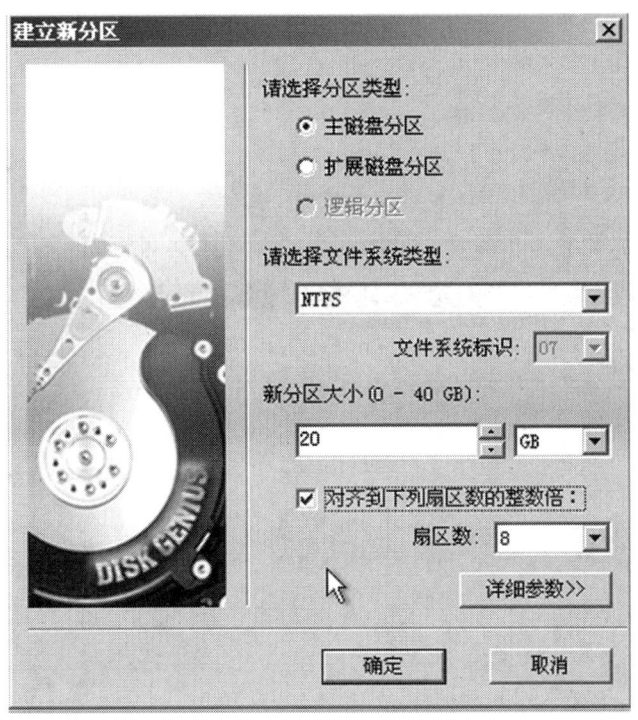

图6-23　"建立新分区"窗口

操作三　安装Windows 10操作系统

硬盘分好区后，就可以安装操作系统了，用U盘安装Windows操作系统。Windows系统分为GHOST版系统和手动安装的原版系统，安装方法差不多，只是选择的安装文件不同。本操作以Windows 10为例，其他版本的系统安装过程一样。

扫码观看视频

任务一　用U盘安装GHOST版Windows 10

安装GHOST版Windows 10的步骤如下所述。

（1）通过U盘启动，进入到大白菜装机版PE系统桌面后，双击桌面上的"大白菜一键装机"命令，弹出"大白菜智能快速装机PE版"窗口，单击"请选择映像文件"的下拉菜单，如图6-24所示。如果硬盘没有分区（工具里面看不到硬盘分区）可以先关掉"大白菜智能快速装机PE版"，分好区后再打开工具安装系统。

（2）在下拉列表中自动找到存放在大白菜U盘启动盘中的所有系统映像文件，选择其中的一个Windows 10系统映像文件后，在下方磁盘分区列表中选择一个磁盘分区作为

安装系统使用，默认情况下建议选择硬盘的第一个分区，然后单击"执行"按钮，如
图6-25所示。

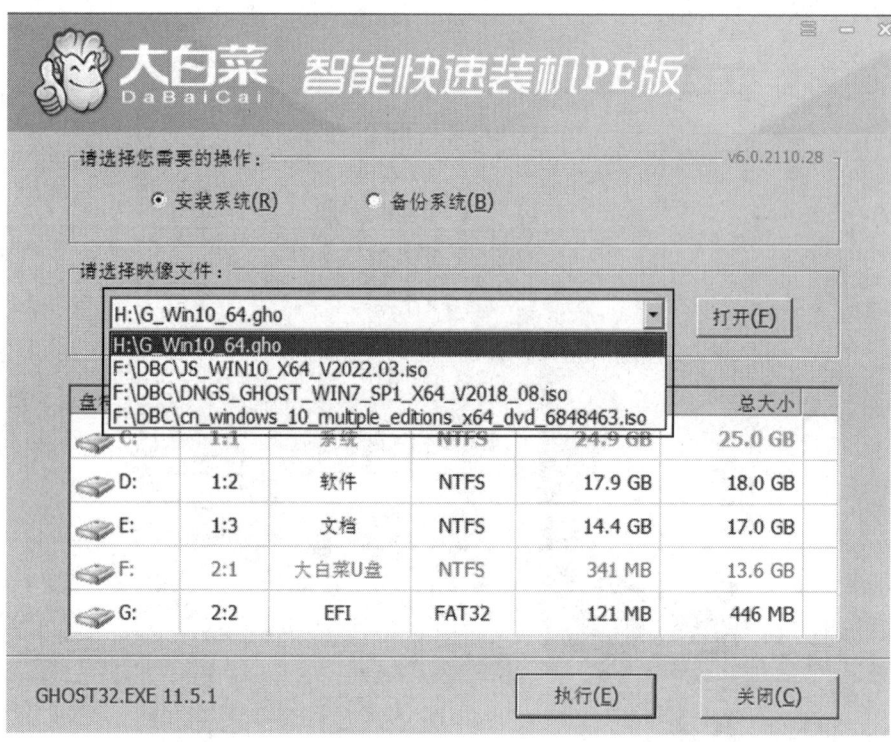

图6-24　大白菜PE装机工具

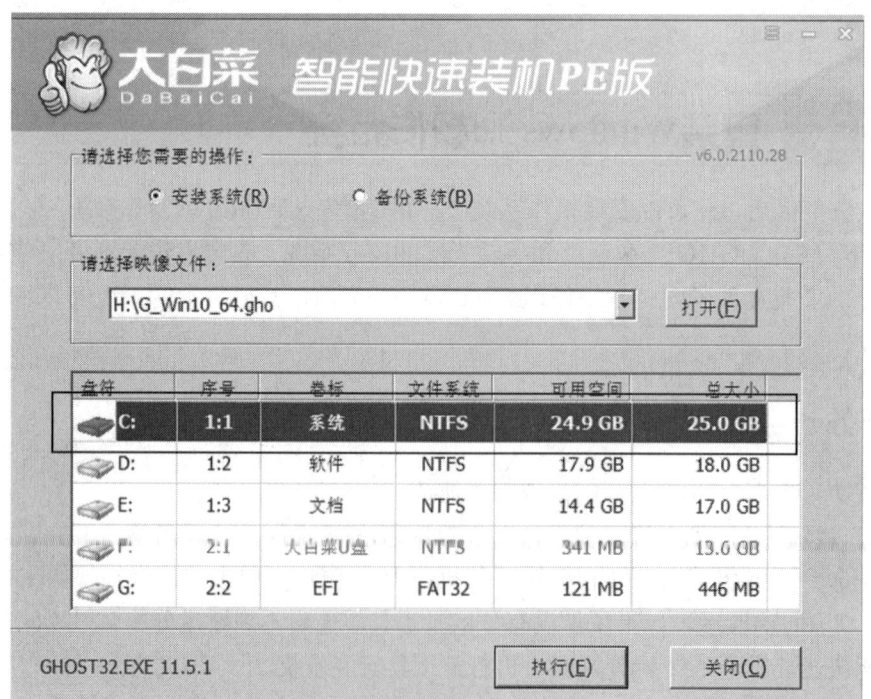

图6-25　选择分区装系统

（3）在弹出的提示窗口中单击"是"按钮即可开始执行安装系统的操作，如图6-26所示。

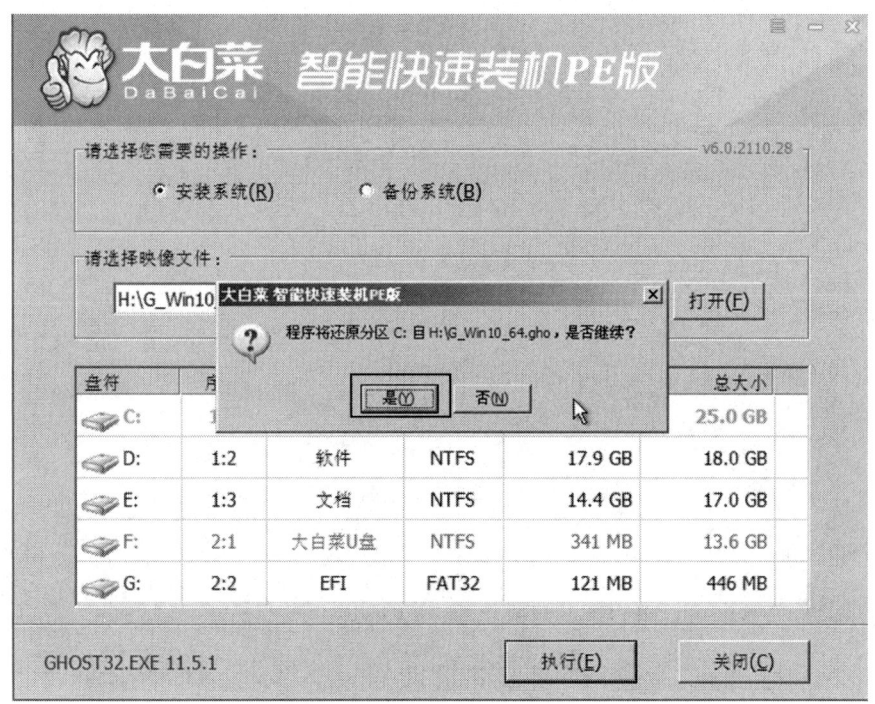

图6-26　确定安装系统

（4）在系统文件释放到指定磁盘分区后重启计算机，同时要拔掉U盘以免再次进入大白菜PE界面。勾选"完成后重启"，计算机会自动重启，如图6-27所示。

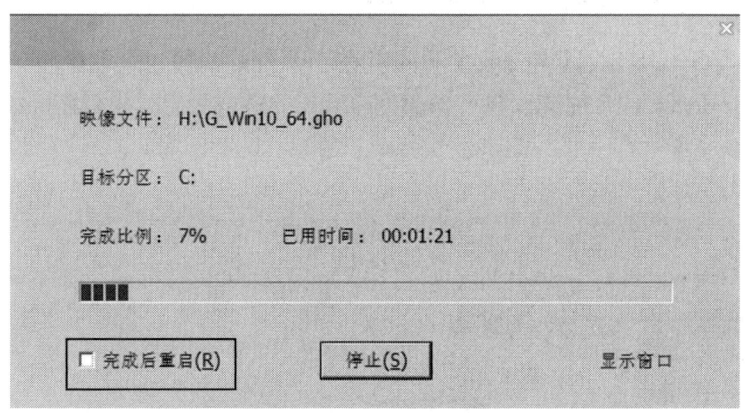

图6-27　安装系统界面

（5）重启计算机后会进入安装系统的第二阶段，此时无需操作，静待安装完成即可，如果成功进入Windows 10操作系统的桌面，则表明Windows 10系统安装成功了，如图6-28所示。

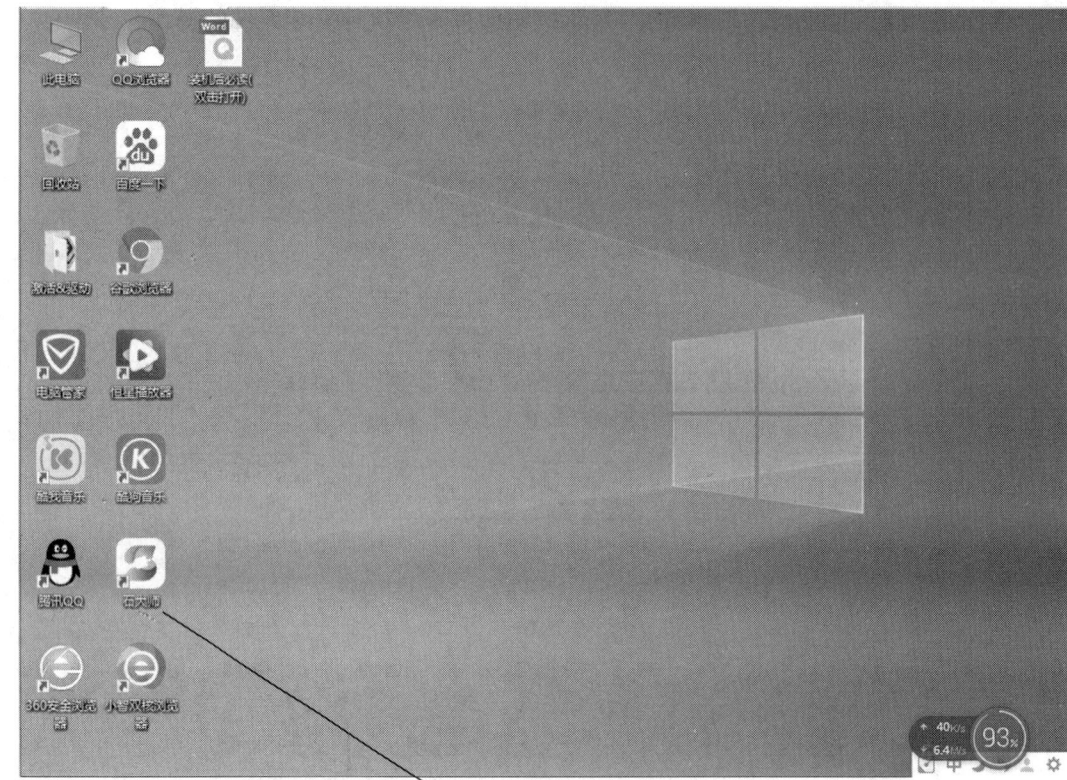

GHOST版会自带很多工具软件

图6-28　GHOST版安装成功的Windows 10界面

任务二　用U盘安装原版Windows 10

安装过程与GHOST版基本一致。不同点在于，打开镜像包选取原版（也叫安装版）Windows 10系统镜像包（参照图6-24）。确定之后，出现图6-29所示的界面。

扫码观看视频

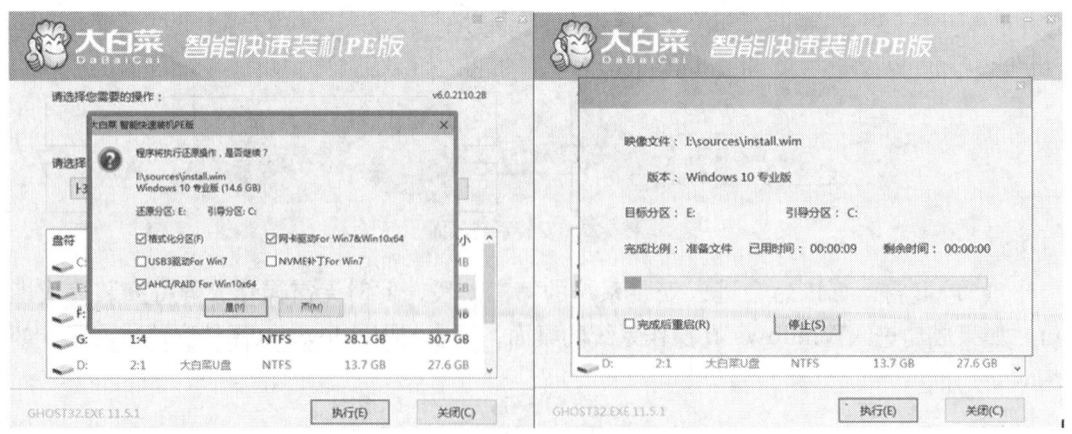

图6-29　原版Windows 10安装界面

等待系统完成还原过程，完成之后计算机自动重启，如图6-30所示。

原版只有一个系统，不带任何工具软件

图6-30　原版安装成功的Windows 10界面

图6-31　检查系统激活情况

操作四　激活操作系统

操作系统安装后，首先要检查系统是否激活了，Windows 10系统如果不激活，使用过程中就会出现一些烦人的问题。本操作介绍操作系统激活的方法。

任务一　不激活系统的后果

在桌面上右击"计算机"打开属性面板，可以看到系统的激活情况。单击右下角的"激活Windows"，如图6-31所示。

若Windows 10和Windows 11不激活，在屏幕右下方会有激活Windows的水印。在不激活的状态下不能进行个性化设置，不能修改桌面背景，不能设置颜色、主题、锁屏界面等问题。

Windows 10可以不激活，但不激活的后果是计算机平均1~3分钟就会有卡顿感。

总的来说，系统激活后更好用。

任务二　联机激活系统

用鼠标单击图6-31箭头指向的位置"立即激活Windows"就可以进入激活界面。在产品密钥后面输入对应系统版本的密钥，如图6-32所示。

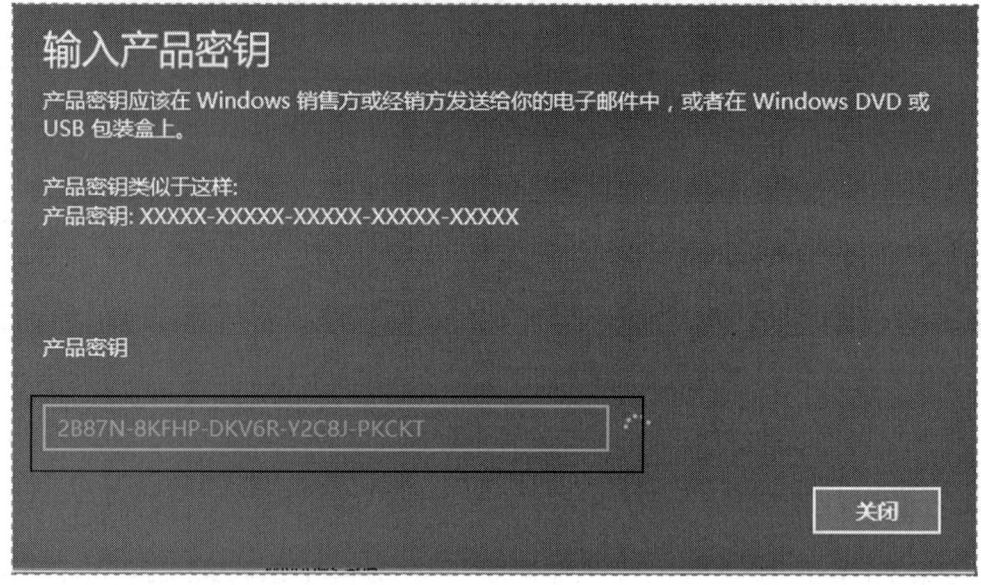

图6-32　输入产品密钥

激活成功后如图6-33所示。

图6-33　激活成功界面

操作五　安装硬件驱动

硬件驱动程序是一种可以实现计算机和设备通信的特殊程序，相当于硬件的接口。若某设备的驱动程序安装不正确，便不能正常工作。

任务一　检查计算机硬件设备是否装有驱动

通过系统的设备管理器可以了解驱动是否安装好。在"控制面板"中找到"设备管理器"里面的"其他设备"，如图6-34所示。如果有"其他设备"，表示有设备没有驱动程序，否则驱动正常。

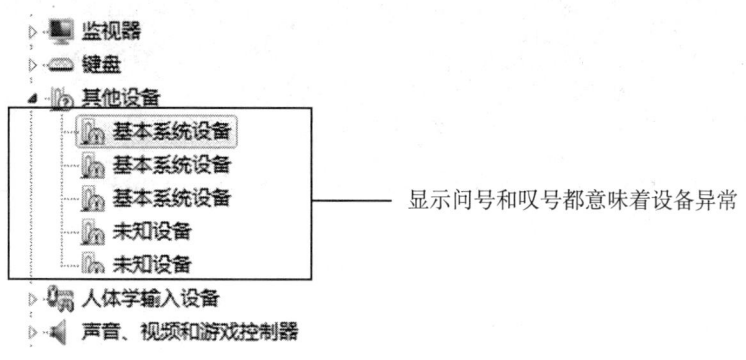

图6-34　驱动程序未安装好的设备

任务二　通过驱动精灵安装驱动

对于一般的学习者，推荐使用驱动精灵万能网卡版。驱动精灵可以直接从网上下载（http://www.drivergenius.com/），如图6-35所示。

扫码观看视频

图6-35　下载驱动精灵界面

驱动精灵软件下载好后安装即可，如图6-36所示。

安装时注意把这些项目取消

图6-36　安装驱动精灵软件

安装完成后软件会自动启动。如果计算机网卡未能正常工作，就会出现网卡驱动安装界面，如图6-37所示。这也是选驱动精灵万能网卡版的优点。

安装网卡驱动

图6-37　安装网卡驱动界面

网卡驱动安装好以后，将计算机连网，然后单击"立即检测"，继续安装其他驱动。如图6-38所示。

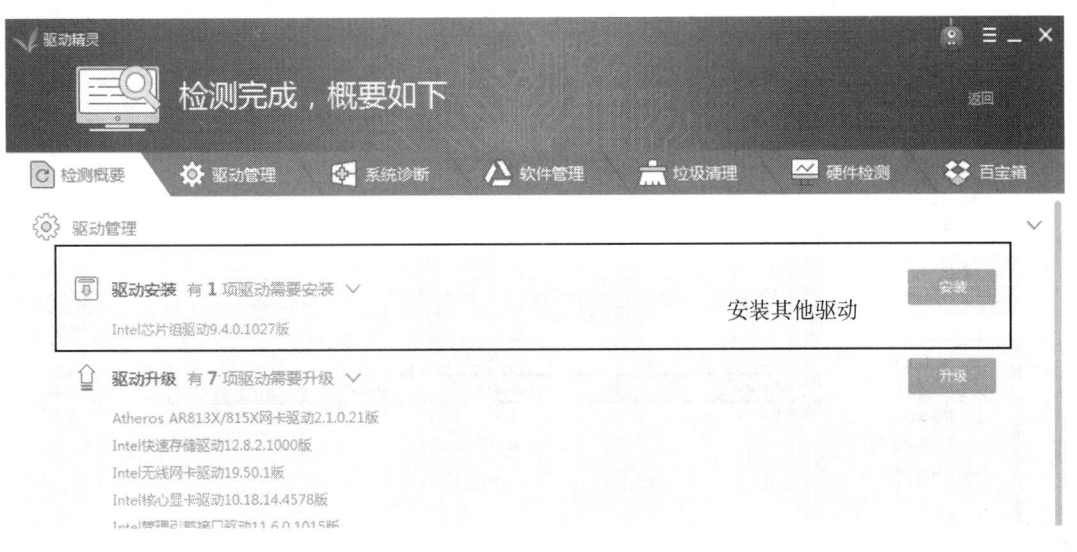

图6-38 安装其他驱动界面

 注意 用驱动精灵之类的软件安装驱动既快捷又方便，但偶尔会出现无法驱动设备的情况。遇到这种情况，可以从官网下载驱动程序安装。

操作六 安装和卸载软件

软件的安装和卸载比较简单，不管是工具类软件还是应用类的软件，安装和卸载的方法都基本相同，因此，只要熟悉了一种软件的安装和卸载方法，就可以轻松安装和卸载其他软件了。但是，有一部分大型的应用软件安装后也像系统一样需要激活，否则只能试用30天，本操作以常用的AutoCAD 2016为例来介绍。

任务一 安装软件

安装软件之前必须获取相应软件的安装源文件，可以通过网络下载安装文件。

安装软件的步骤如下所述。

（1）解压下载好的AutoCAD 2016软件，找到Setup.exe安装程序文件（也有部分工具软件只有一个exe文件），打开安装程序文件，如图6-39所示。

（2）进入安装程序，正式安装AutoCAD 2016到计算机上，安装的每一步都很关键，认真查看后再单击安装，如图6-40所示。

扫码观看视频

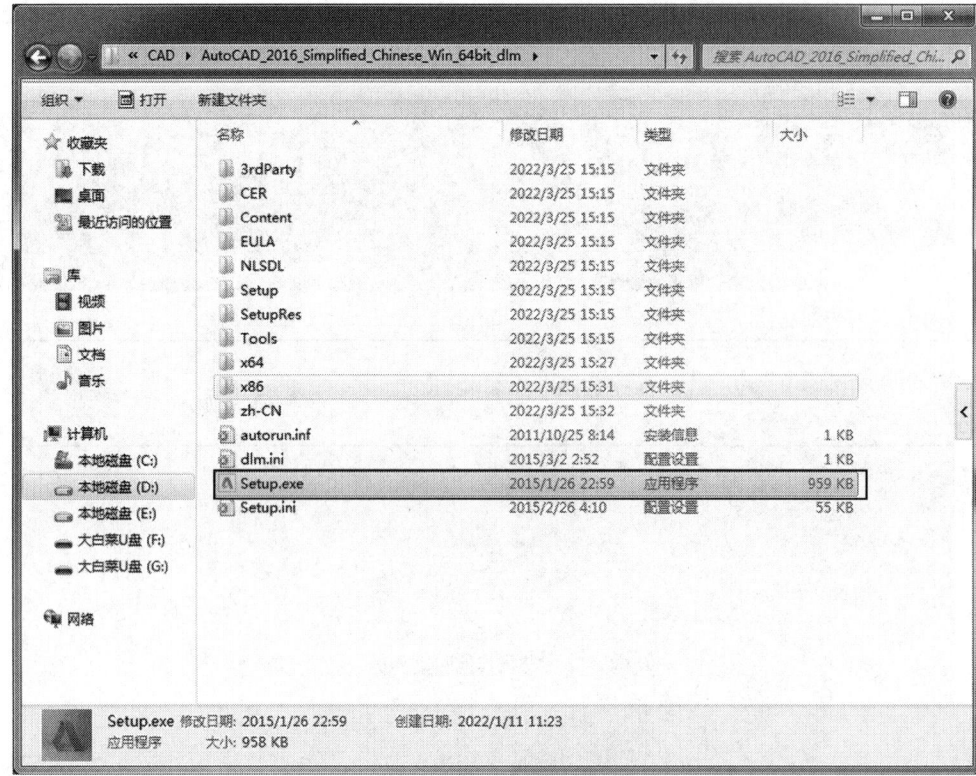

图6-39 安装文件

图6-40 安装界面

（3）接受"许可协议"后，单击"下一步"按钮，"产品语言"选择"中文（简体）"，"许可类型"一定要选择"单机版"，"产品信息"选择"我有我的产品信息"，然后输入序列号和产品密钥（软件一般会提供，用文本文件记录），输入正确后会显示"√"，表明输入正确，单击"下一步"按钮，如图6-41所示。

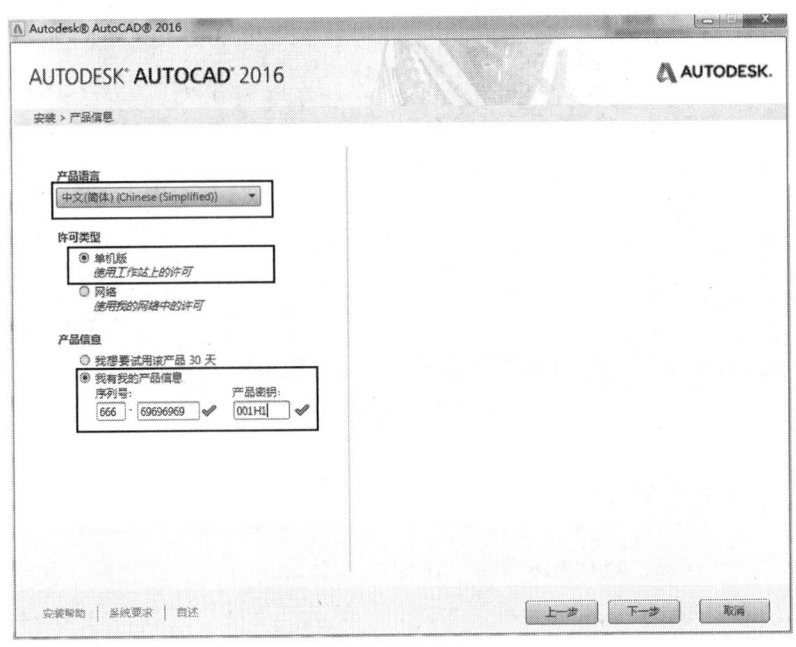

图6-41　安装产品信息

（4）选择AutoCAD 2016的所有程序在计算机系统中的安装路径，切记不要安装在默认的C盘，否则计算机运行会很卡，可以选择安装到D盘的某个文件夹中（或者直接在显示的安装路径中把C盘改成D盘），单击"安装"按钮，如图6-42所示。

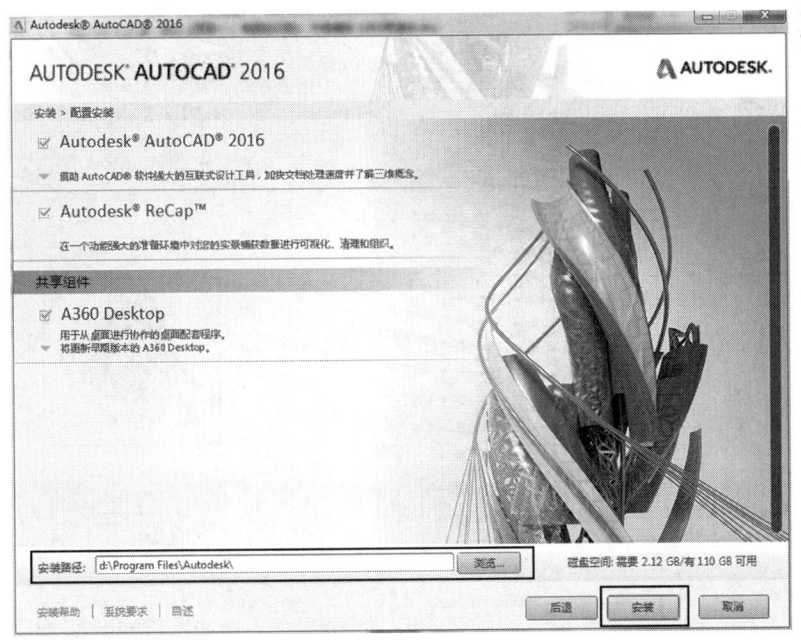

图6-42　安装路径提示

（5）等待一段时间，会提示AutoCAD 2016已经成功安装到计算机上，单击"完成"按钮后重启计算机，此时桌面出现了AutoCAD 2016的启动快捷图标，如图6-43所示。出现了快捷图标表示软件已经安装好，但目前只是试用版，需要等待激活。

图6-43　AutoCAD 2016的启动快捷图标

任务二　激活软件

双击桌面上的AutoCAD 2016启动快捷图标，会自动进入激活程序，提示请激活产品，窗口中显示"剩余天数"为30天，单击"激活"按钮，如图6-44所示。

扫码观看视频

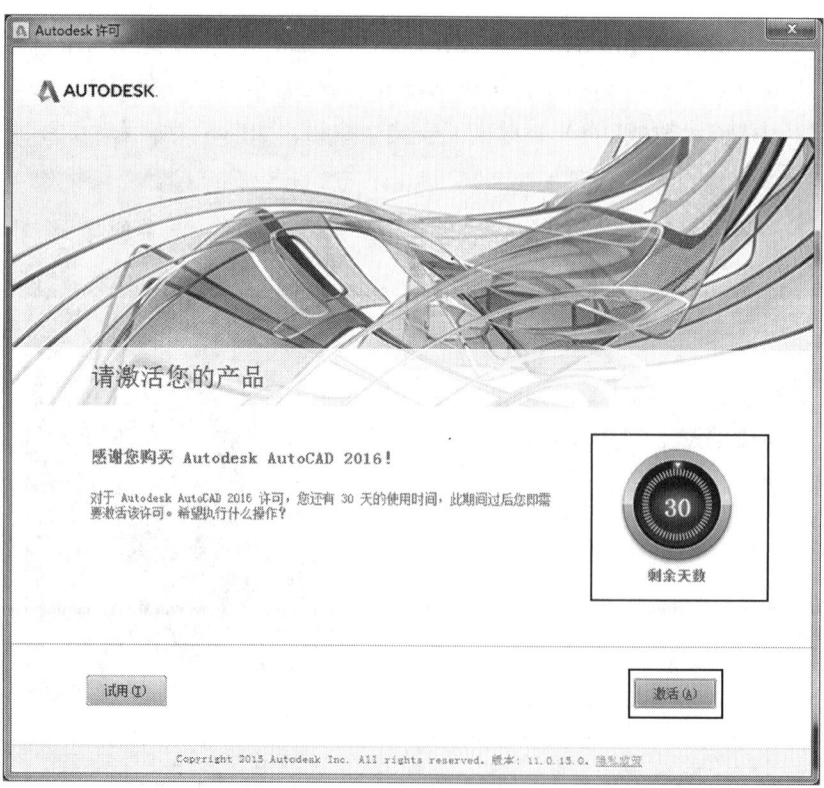

图6-44　激活窗口

进入激活程序，在激活选项界面选择"我具有Autodesk提供的激活码"，如图6-45所示。

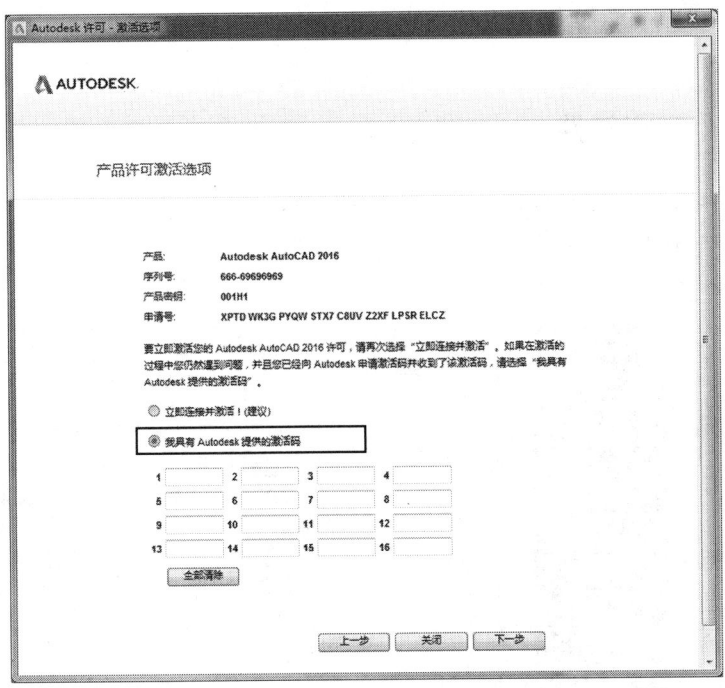

图6-45　激活选项

购买正版软件后，厂商会给出产品的激活码，在图中正确输入厂商提供的激活码。

单击"下一步"按钮后会提示AutoCAD 2016已经激活，单击"完成"按钮即可，如图6-46所示。激活后就可以永久使用该软件了。

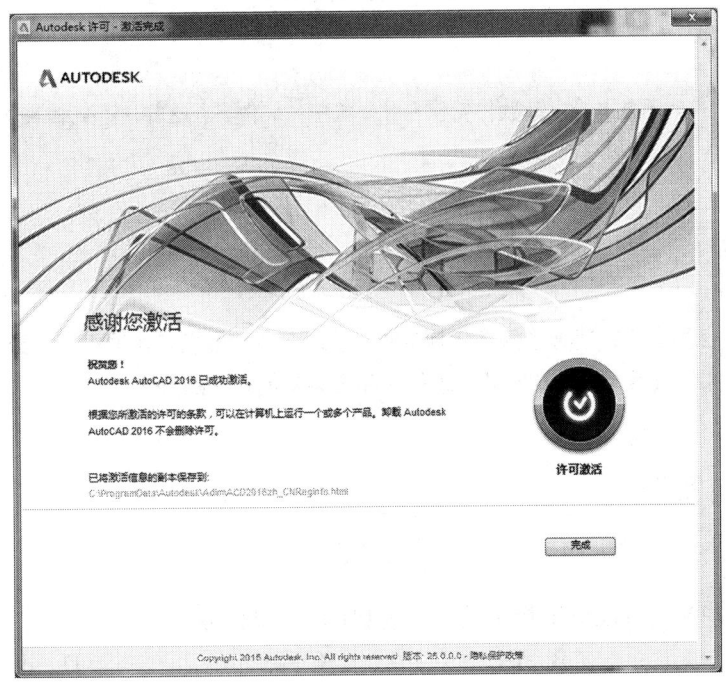

图6-46　激活完成

> **注意** 软件必须采用正常的手段安装，不能只是从安装好软件的计算机中把快捷方式或软件安装的文件夹复制过来，这样是没有用的。

任务三　卸载软件

在Windows系统中，卸载软件主要有两种方式：一是运行软件自带的卸载程序，很多软件都自带专用的卸载程序；二是利用控制面板中的"程序和功能"卸载，如图6-47所示。

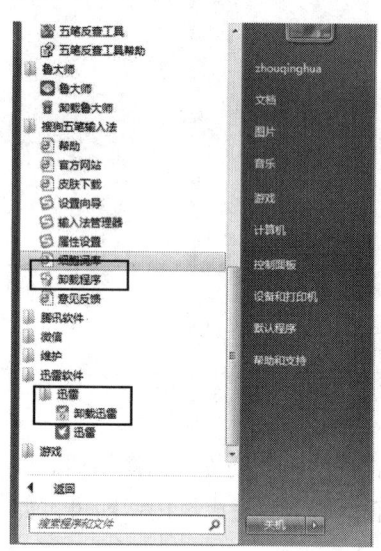

图6-47　软件卸载命令

> **注意** 卸载软件时不能只是删除软件安装在计算机中的文件夹，这样并不能把软件完全卸载。

❖ 项目总结

通过对本项目的学习，读者了解了如何通过U盘来启动虚拟机和物理机，知道如何通过U盘安装计算机系统、如何激活系统以及安装驱动程序和安装其他软件的方法。

❖ 练习与实践

➤ 单选题

1. 下列哪些单词可以用来指引设置计算机的启动顺序？（　　　）

　　A. boot　　　　　　B. net　　　　　　C. setup　　　　　　D. ide

2. 下列哪一个按键一般不能进入BIOS设置？（　　）

    A. F1　　　　　　　B. F2　　　　　　　C. F10　　　　　　　D. Shift

➢ **多选题**

1. 下列哪些属于常用的BIOS类型？（　　）

    A. AMI　　　　　　B. ANI　　　　　　C. AWARD　　　　　D. Insyde H20

2. 创建分区的类型包含哪几种？（　　）

    A. 主分区　　　　　B. 活动分区　　　　　C. 扩展分区　　　　　D. 逻辑分区

➢ **判断题**

1. 只有安装了驱动程序的设备，操作系统才能使用该设备。（　　）

    A. 对　　　　　　　B. 错

2. 已激活的系统和未激活的系统没有差别。（　　）

    A. 对　　　　　　　B. 错

3. 软件的卸载只要删除安装在计算机中的文件夹即可。（　　）

    A. 对　　　　　　　B. 错

实训任务一

硬盘分区	
项目背景 介绍	新买的硬盘必须分区，只有分好区后才能使用
设计任务 概述	（1）创建虚拟机，硬盘大小设置为60 GB （2）用U盘启动虚拟机 （3）将硬盘分成三个区，三个分区的大小都是20 GB
实训记录	

硬盘分区	
教师考评	评语： 辅导教师签字：＿＿＿＿＿＿＿＿

06

实训任务二

安装系统	
项目背景介绍	给计算机安装操作系统。只有亲自动手操作过，才可以熟练地完成计算机系统的安装工作
设计任务概述	（1）注意先备份好计算机的重要文件 （2）安装Windows 10操作系统 （3）激活系统 （4）安装驱动程序
实训记录	

安装系统	
教师考评	评语： 辅导教师签字：＿＿＿＿＿＿

实训任务三

安装应用软件	
项目背景 介绍	为计算机安装必需的应用软件
设计任务 概述	（1）安装AutoCAD 2016 （2）激活AutoCAD 2016
实训记录	

安装应用软件	
教师考评	评语： 辅导教师签字：＿＿＿＿＿＿

下篇

计算机维护篇

项目七

个性化系统

▲ **项目导读**

  注册表是Windows的一个重要组成部分，它存放了Windows中的各种配置参数、Windows的各个功能模块及各种已安装的应用程序。组策略也是Windows的重要功能，相对注册表来说更加容易上手。本项目主要讲述了注册表和组策略的应用，通过对本项目的学习，读者能够轻松维护和定制Windows系统。

  本项目的最后安排了实训任务——通过注册表和组策略定制自己的Windows系统，使读者进一步掌握注册表和组策略的应用。

▲ **重点与难点**

● 注册表的结构

● 注册表的基本操作

● 组策略的基本操作

▲ 学习目标

- 熟悉注册表的结构
- 掌握注册表的基本操作
- 掌握组策略的基本操作

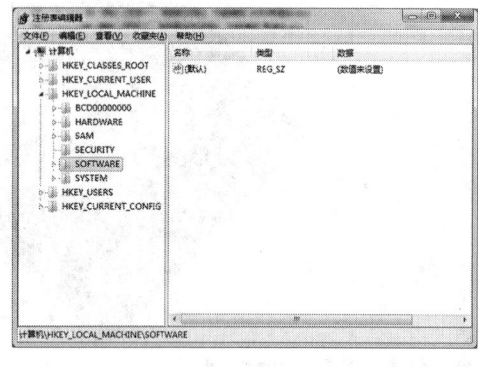 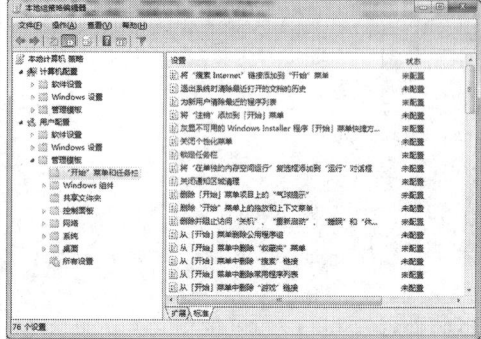

操作一　维护注册表

注册表是Windows操作系统中的一个核心数据库，其中存放着各种参数，直接控制着Windows的启动、硬件驱动程序的装载以及一些Windows应用程序的运行，在整个系统中起着核心作用。如果注册表受到了破坏，轻则使Windows的启动过程出现异常，重则可能会导致整个Windows系统完全瘫痪。因此维护好注册表对Windows用户来说非常重要。本操作介绍注册表的维护方法。

任务一　启动注册表编辑器

打开运行窗口，输入Regedit命令便可以启动注册表编辑器，如图7-1所示。

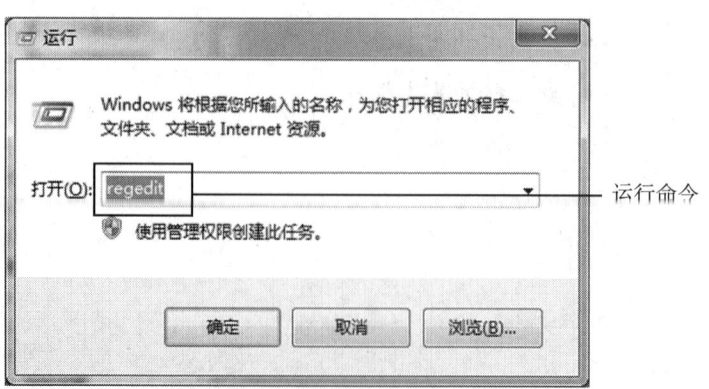

图7-1　启动注册表编辑器

使用注册表编辑器时，请谨慎操作。如果注册表编辑不正确，可能会发生严重的问题，这些问题可能会导致操作系统瘫痪、数据丢失。如果确实要编辑注册表，请务必先备份注册表，以免出现问题。

任务二　认识注册表的结构

启动注册表编辑器，注册表的结构如图7-2所示。

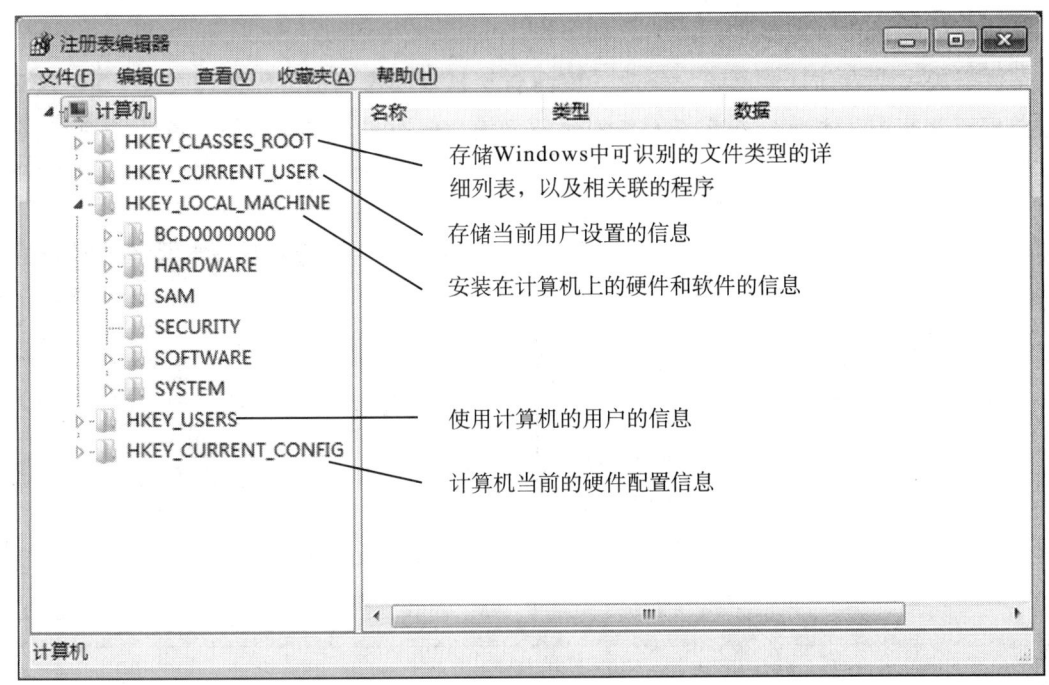

图7-2　注册表结构

注册表整体上可以看成是树状结构。主要由"键"和"键值"构成，称HKEY为根键（RootKey），SubKey为子键。

键（Key）：在左侧窗格中，如同文件夹图标一样的就是键，类似于计算机中的文件夹。

键值（Value）：在右侧窗格中显示一行行的选项，就是键值，每个键值都有名称、类型、数据三项信息，名称不区分大小写。

左侧窗格中选中键，右侧窗格中就显示对应这个键的键值。

键值的类型主要有：REG_SZ（字符串值）、REG_BINARY（二进制值）、DWORD（32位值）、QWORD（64位值）、REG_MULTI_SZ（多字符串值），REG_EXPAND_SZ（可扩充字符串值）。

REG_SZ（字符串值）：一般作为文件描述和硬件标志，可以是字母、数字，也可以是汉字，但它是长度固定的文本字符串，最大长度不能超过255个字符。在REG文件中一般表现为："a" = "****"。

DWORD值（REG_DWORD）：由 4 字节长（32 位整数）的数字表示的数据。设备驱动程序和服务的许多参数都是此类型，以二进制、十六进制或十进制格式显示在注册表编辑器中。在REG文件中一般表现为"a"="dword:00000001"。

二进制值（REG_BINARY）：在一般情况下，大多数硬件组件信息以二进制数据存储，然后通过十六进制的格式显示在注册表编辑器中。该类型值没有长度限制，可以是任意字节长，REG文件中一般表现为："a"="hex:01,00,00,00"。

除了上述三种键值类型，其他类型很少使用。

任务三　注册表基本操作

注册表主要有新建、删除、修改、重命名等基本操作，都可以通过右键菜单完成，如图7-3所示。需要注意，对于值来说，修改是改数据，重命名是改名称。

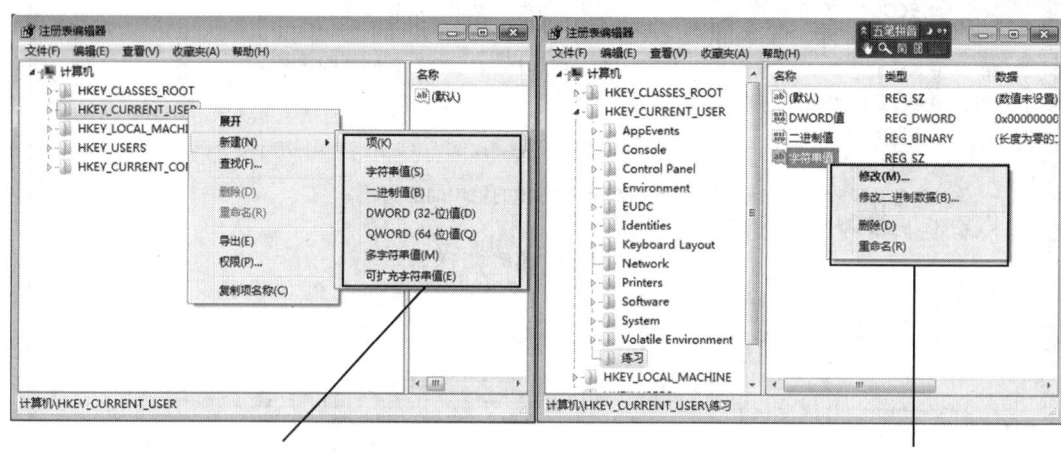

新建的项（键）在左侧窗格
新建的值（键值）在右侧窗格

修改是改数据
重命名是改名称

图7-3　注册表基本操作

任务四　导出、导入注册表

注册表没有备份和恢复的说法，只有导出和导入的操作。导出和导入实际上类似于备份和恢复的效果。

1. 导出注册表

导出注册表是把注册表的某个键（可以是整个注册表）及相关键值等内容保存为文件。在有需要的时候可以把导出的内容恢复到注册表。

单击鼠标右键，选择"导出"，然后选择存储文件的位置，具体操作如图7-4所示。

2. 导入注册表

导入注册表的数据并不一定是导出的数据，只要格式正确都可以导入到系统。如一些系统设定、软件设定的数据。

图7-4　导出注册表

导入注册表主要有两种方式，一种是用菜单功能导入，如图7-5所示；另一种是直接双击要导入的文件，在弹出的提示框中单击"是"按钮，如图7-6所示。

图7-5　用菜单功能导入注册表数据

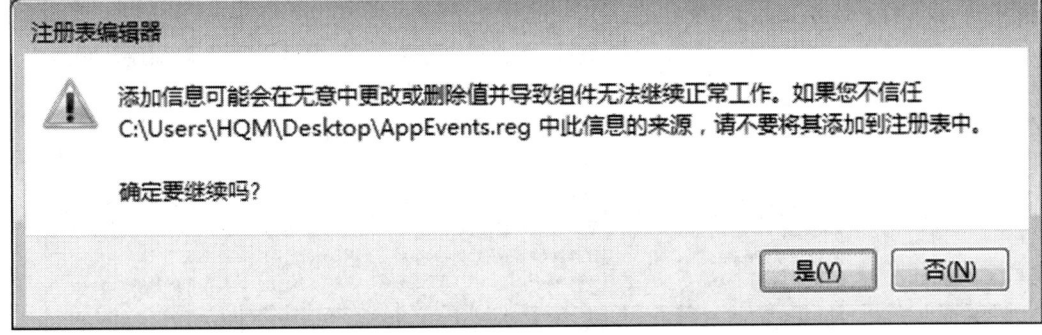

图7-6　双击文件导入注册表数据

掌握了注册表的基本操作，再学习一些注册表的修改实例，具体的键和键值也可以通过互联网获取。在这里以Windows 10系统为例，不同版本的系统设置基本一样。

扫码观看视频

1. 通过注册表实现开机时显示登录消息

先看效果，不同版本的操作系统有一些差别，如图7-7所示。

Windows 7为窗口的形式　　　Windows 11为窗口的形式　　　Windows 10为窗口的形式

图7-7　开机时显示登录消息

07

几个系统的实现方法是一样的，先找到对应的键（"\"为分隔符号，一层一层找），再找到对应的值；如果没有就新建，名称照抄，键和值如下。

HKEY_LOCAL_MACHINE\SOFTWARE\Microsoft\windows NT\CurrentVersion\Winlogon

LegalNoticeCaption：字符串型，数据为登录消息的标题。

LegalNoticeText：字符串型，数据为登录消息的内容。

具体操作如图7-8所示。

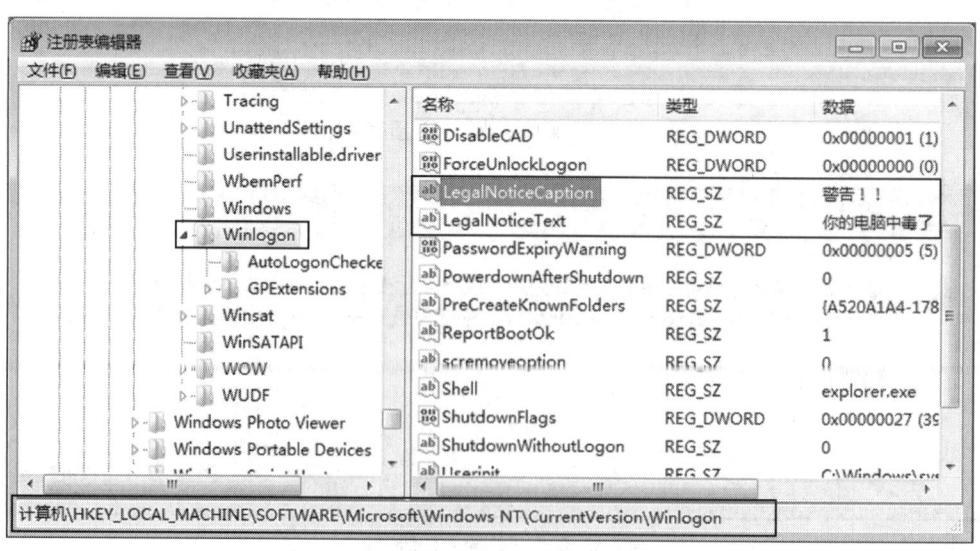

图7-8　通过注册表实现开机时显示登录消息

2. 通过注册表锁定 IE 主页

HKEY_CURRENT_USER\Software\Policies\Microsoft\Internet Explorer\Control Panel

HomePage：DWORD类型，数值为1表示锁定。

修改效果如图7-9所示。

图7-9　通过注册表锁定IE主页

3. 注册表其他修改案例集

（1）打开注册表编辑器时保持在根目录。

HKEY_CURRENT_USER\Software\Microsoft\Windows\CurrentVersion\Applets\
Regedit，双击打开LastKey，修改为空字符串，在Regedit子键上右击打开"权限"，选择
Administrator，并勾选"完全控制"和"读取"的拒绝复选框即可。

（2）在桌面右下角显示 Windows 版本。

HKEY_CURRENT_USER\Control Panel\Desktop，双击右侧窗格的PaintDesktopVersion，
数值修改为1即可。

（3）让系统时钟显示问候语。

HKEY_CURRENT_USER\Control Panel\International，展开International，双击右侧窗
格中的sLongDate，在日期格式前写问候语即可。

（4）隐藏回收站图标。

HKEY_CURRENT_USER\Software\Microsoft\Windows\CurrentVersion\Explorer\
HideDesktopIcons\NewStartPanel（若没有HideDesktopIcons\NewStartPanel两个键则新建），
新建DWORD类型的键值，命名为"{{645FF040-5081-101B-9F08-00AA002F954E}}"，更
改数值为1，刷新桌面即隐藏了回收站。

（5）自定义 Windows 登陆窗口的背景画面。

首先要注意，图片必须为".jpg"格式；图片文件尺寸的比例必须和屏幕分辨率相
同；图片大小不可超过256KB。

HKEY_LOCAL_MACHINE\SOFTWARE\Microsoft\Windows\CurrentVersion\Authentication\LogonUI\Background，将OEMBackground键值数值改为1。打开文件夹C:\Windows\System32\oobe\info，新建backgrounds文件夹，将图片命名为BackgroundDefault.jpg，放入图片文件夹即可。

（6）打开或关闭window的自动播放功能。

HKEY_LOCAL_MACHINE\SOFTWARE\Microsoft\Windows\CurrentVersion\Policies\Explorer，在右侧窗格中新建DWORD类型键值，命名为NoDriveTypeAutoRun，默认值是0，即打开功能。关闭功能对应的十进制数：软盘为4，硬盘和移动硬盘为8，网络存储设备为16，光驱为32，U盘为64，其他外设为128，全部为255。删除此键值即表示打开功能。

（7）让Windows自动登录我的用户账户。

HKEY_LOCAL_MACHINE\SOFTWARE\Microsoft\WindowsNT\CurrentVersion\Winlogon，在右侧窗格中新建字符串类型的键值，命名为AutoAdminLogon，数值设置为1。然后再新建字符串类型的键值，命名为DefaultUserName，数值设置为用户名。同理，命名为DefaultPassword，输入用户账户的密码即可。不过这样做有泄密风险。

更保险的办法：Win+R打开"运行"，输入rundll32 netplwiz.dll UsersRunDll，将"要使用本机，用户必须输入用户名和密码"前的复选框去掉，单击"应用"后输入两次密码即可。在注册表下不会生成REG_SZ类型DefaultPassword键值。

（8）修改系统的用户和公司名。

HKEY_LOCAL_MACHINE\SOFTWARE\Microsoft\Windows NT\CurrentVersion，双击右侧窗格中的RegisteredOwner和RegisteredOrganization，即可完成更改。

（9）登录Windows时固定启用数字键。

HKEY_CURRENT_USER\Control Panel\Keyboard，双击右侧窗格中的InitialKeyboardIndicators键值，默认为0，即登陆后不打开数字键。输入2，然后右击该键值打开"权限"，勾选Administrator的完全控制复选框即可。

（10）改变系统时钟在托盘区的显示格式。

HKEY_CURRENT_USER\Control Panel\International，在右侧窗格中更改s1159和s2359即可。更改sTimeFormat为tt hh点mm分。tt表示上午/下午时间，若还要显示秒数，则增加ss。

（11）删除控制面板卸载中无效的记录。

HKEY_LOCAL_MACHINE\SOFTWARE\Microsoft\Windows\CurrentVersion\Uninstall

HKEY_CLASSES_ROOT\Installer\Products

HKEY_CURRENT_USER\Software\Microsoft\Installer\Products

后面两个主要保存基于windows安装的应用程序。

（12）直接从鼠标右键启动"窗口转换程序"。

HKEY_CLASSES_ROOT\Directory\Background\shellex\ContextMenuHandlers，新建项Windows Switcher，打开默认REG_SZ，输入{3080F90E-D7AD-11D9-BD98-0000947B0257}。

（13）从快捷菜单打开常用的应用程序。

HKEY_CLASSES_ROOT*\shell，新建项，随意命名，将默认REG_SZ的数值更改为

显示的内容。在此子键的基础上，新建项，命名为command，内容为应用程序的路径。

（14）编辑"新建"菜单中的文件类型。

举例：删除"新建"中的"新建BMP"。

方法：展开HKEY_CLASSES_ROOT\.bmp，删除ShellNew即可。

（15）强制启用ReadyBoost加速功能。

为了提升系统访问效率，一般建议加装内存来解决。Windows 7下有更方便的选择，只要插上U盘就可以通过ReadyBoost技术加速性能。右键单击该U盘，打开"属性"，切换到"ReadyBoost"标签页，然后设置。部分设备不能使用，即不符合"Premium等级标准：随机读取4KB数据的速度至少要在5 MB/s以上，随机存储512 KB数据的速度必须在3 MB/s以上。"

先右键单击"可移动磁盘(X)"，打开"属性"，切换到"硬件"标签页，查看U盘型号；然后展开注册表键HKEY_LOCAL_MACHINE/SOFTWARE/Microsoft/Windows NT/CurrentVersion/EMDgmt，在该键下选择要启用ReadyBoost的设备，修改DeviceStatus数值为2（十六进制）。在相同键下，分别新建ReadSpeedKBs与WriteSpeedKBs，DWORD类型键值，数值都改为1000（十六进制）。重启U盘，或单击"ReadyBoost"标签页内的"重新测试"即可。

（16）提升NTFS文件系统的运行效率。

①取消快捷方式的跟踪功能：

HKEY_CURRENT_USER\Software\Microsoft\Windows\CurrentVersion\Policies\Explorer，新建DWORD类型的键值，命名为NoResolveTrack，数值为1。

②加大MFT主文件表存储空间：

MFT即Main File Table，存放着所有文件的索引信息，每个磁盘都会保留一部分容量来存放MFT信息，由于这个区域访问频繁，因此很容易产生文件碎片（Fragment），影响访问效率，建议可以加大MFT的容量，减少文件碎片。

HKEY_LOCAL_MACHINE\SYSTEM\CurrentControlSet\Control\FileSystem，找到NtfsMftZoneReservation键值，更改为3或4。（1表示小的MFT保留空间，2表示中型的MFT保留空间，3表示较大的MFT保留空间，4表示最大的MFT保留空间。）

③取消最后访问记录：

HKEY_LOCAL_MACHINE\SYSTEM\CurrentControlSet\Control\FileSystem，接着打开NtfsDisableLastAccessUpdate，更改数值为1。

④取消预先建立的8.3短文件名：

以往Windows为了与旧系统兼容，当用户创建文件时，除了自行制定的名称之外，也会额外产生8.3的短文件名，当遇到无法显示长文件名的旧程序，会改为8.3的文件名显示。

HKEY_LOCAL_MACHINE\SYSTEM\CurrentControlSet\Control\FileSystem，接着打开NtfsDisable8dot3NameCreation，更改数值为1，还原更改数值为0或2。

（17）加大系统的L2 Cache。

利用cpu-z、WCPUID检测二级缓存的大小。

展开HKEY_LOCAL_MACHINE\SYSTEM\CurrentControlSet\Control\Session Manager\

Memory Management，打开SecondLevelDataCache，输入256（KB，十进制），保存即可。

（18）加快"开始"菜单的打开速度。

HKEY_CURRENT_USER\Control Panel\Desktop，打开右侧窗格中的MenuShowDelay，把默认的400（单位ms）修改为100或0，保存即可。

Windows的动画效果使得运行"开始"菜单变慢，修改此项可关闭动画效果。

（19）应用程序关闭后完整释放资源。

HKEY_LOCAL_MACHINE\SOFTWARE\Microsoft\Windows\CurrentVersion\Explorer，新建DWORD类型键值，数值为1。

（20）修改内存运行方式，即优先使用内存而不是虚拟内存。

HKEY_LOCAL_MACHINE\SYSTEM\CurrentControlSet\Control\Session Manager\Memory Management，打开右侧窗格中的DisablePagingExecutive，修改数值为1即可。

（21）自动关闭"停止响应的程序"。

HKEY_CURRENT_USER\Control Panel\Desktop，打开AutoEndTasks，修改数值为1。

（22）加快开关机时间。

HKEY_LOCAL_MACHINE\SYSTEM\CurrentControlSet\Control，打开WaitToKillServiceTimeout，属性设定为1000。切换到HKEY_CURRENT_USER\Control Panel\Desktop，打开WaitToKillAppTimeout，属性设定为1000，并在相同键下，修改键值HungAppTimeout属性为200即可。

（23）必须按组合键才可以登录 Windows。

HKEY_LOCAL_MACHINE\SOFTWARE\Microsoft\Windows NT\CurrentVersion\Winlogon，打开右侧窗格中的DisableCAD，修改数值为0即可。注意，此项应用后，自动登录系统将会失效!

（24）删除"运行"的记录。

HKEY_CURRENT_USER\Software\Microsoft\Windows\CurrentVersion\Explorer\RunMRU，删除右侧窗格的记录即可。

（25）关闭默认共享的文件夹。

HKEY_LOCAL_MACHINE\SYSTEM\CurrentControlSet\services\LanmanServer\Parameters，在右侧窗格中新建2个D_WORD的键值，分别命名为AutoShareServer、AutoShareWKs，值为默认的0。重新启动后可关闭共享!

默认情况下，Windows会将系统文件夹、各磁盘驱动器暗自共享出来。在共享文件夹后添加$即可查看。例如，在地址栏输入\\127.0.0.1\C$，按Enter键后可查看共享的系统文件夹。

（26）开始菜单不显示用户名。

HKEY_CURRENT_USER\Software\Microsoft\Windows\CurrentVersion\Explorer\Advanced，新建D_WORD类型的键值Start_ShowUser，默认为0即可。

（27）自动清除打开文件的记录。

HKEY_CURRENT_USER\Software\Microsoft\Windows\CurrentVersion\Policies\

Explorer，新建D_WORD类型的键值ClearRecentDocsOnExit，数值为1即可。

（28）清除访问的网页记录。

HKEY_CURRENT_USER\Software\Microsoft\Internet Explorer\TypedURLs，删除右侧窗格中的所有url即可。在IE的"Internet选项"中可以更方便清除记录。

（29）彻底隐藏文件，即显示隐藏文件也看不到。

HKEY_CURRENT_USER\Software\Microsoft\Windows\CurrentVersion\Explorer\Advanced，连续新建项（父子）：Folder、Hidden、SHOWALL，在右侧窗格中新建DWORD类型的键值：CheckedValue，设置数值为0（默认）。

（30）清除使用 windows 搜索的关键字。

KEY_CURRENT_USER\Software\Microsoft\Windows\CurrentVersion\Explorer\WordWheelQuery，删除右侧窗格中的内容即可。

（31）封锁U盘。

HKEY_LOCAL_MACHINE\SYSTEM\CurrentControlSet\services\USBSTOR，将右侧窗格中的Start键值更改为4即可，反向操作是修改为3。

（32）封锁注册表编辑器。

HKEY_CURRENT_USER\Software\Microsoft\Windows\CurrentVersion\Policies，新建项System，然后在右侧窗格中新建DWORD类型的键值DisableRegistryTools，更改数值为1即可。

封锁后应该怎么办？方法如下。

①使用第三方软件，例如Tweak Manager、Ultimate Windows Tweaker等。

②改用Administrator账户登录系统，利用注册表编辑器的"加载Hive控制文件"功能，删除原有账户的DisableRegistryTools键值即可。

需要注意的是，如果在HKLM下新建DisableRegistryTools键值，则方法②是无效的。

（33）汇总：封锁"开始菜单"的功能显示。

HKEY_CURRENT_USER\Software\Microsoft\Windows\CurrentVersion\Explorer\Advanced键，主要记载系统操作界面的布局，例如，桌面图标的隐藏、任务栏的动画显示等相关的键值都保存于此。下面的数值为0表示不显示。

①Start_ShowControlPanel，控制面板。

②Start_ShowUser，用户名。

③Start_ShowMyDocs，文档。

④Start_ShowMyPics，图片。

⑤Start_ShowMyMusic，音乐。

⑥Start_ShowMyGames，游戏。

⑦Start_ShowMyComputer，计算机。

⑧Start_ShowNetPlaces，网络。

⑨Start_ShowPrinters，设备和打印机。

⑩Start_ShowSetProgramAccessAndDefaults，默认程序。

⑪Start_ShowHelp，帮助和支持。

⑫ Start_ShowRun，运行。

⑬ Start_TrackProgs，最近打开的程序。

⑭ Start_TrackDocs，最近打开的文件。

HKEY_CURRENT_USER\Software\Microsoft\Windows\CurrentVersion\Policies\ Explorer，这里面设置键值会让对应功能在系统任何地方都找不到的，比如：

①NoStartMenuMorePrograms，所有程序。

②NoSMMYDocs，文档。

③NoControlPanel，控制面板。

④NoSMConfigurePrograms，默认程序。

⑤NoSMHelp，帮助和支持。

⑥NoRun，运行。

操作二　组策略的维护

Windows功能配置分布在注册表的各个角落，如果是手工配置既困难又烦杂。组策略则可以将系统重要的配置功能汇集成各种配置模块，供用户直接使用，从而达到方便管理计算机的目的。

组策略设置就是修改注册表中的配置。由于组策略使用了更完善的组织管理方法，比手工修改注册表要方便和灵活，功能也更加强大。

任务一　启动组策略编辑器

打开运行窗口，输入gpedit.msc命令就可以启动组策略编辑器，如图7-10所示。

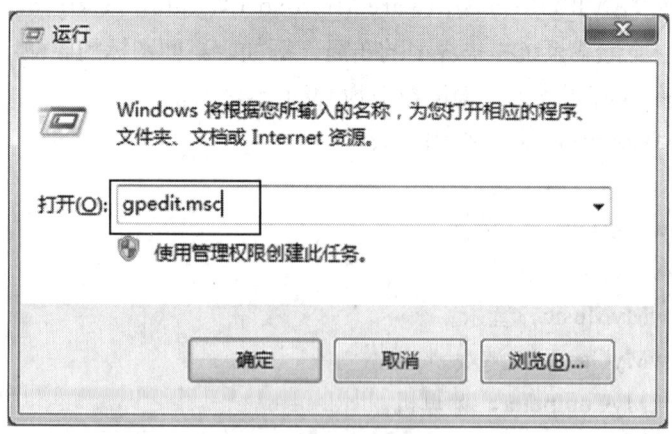

图7-10　启动组策略编辑器

注意　部分Windows家庭版的操作系统没有组策略功能。

任务二 认识组策略的基本结构

扫码观看视频

　　组策略窗口的结构和资源管理器相似，左边是树型目录结构，由"计算机配置""用户配置"两大节点组成。这两个节点下都有"软件设置""Windows设置"和"管理模板"三个节点（如图7-11所示），节点下面还有更多的节点和设置。此时单击右边窗口中的节点或设置，便会出现关于此节点或设置的适用平台和作用描述。

　　"计算机配置""用户配置"两大节点下的子节点和设置有很多是相同的，那么该改哪一处？"计算机配置"节点中的设置应用到整个计算机策略，在此处修改后的设置将应用到计算机中的所有用户。"用户配置"节点中的设置一般只应用到当前用户，如果用别的用户名登录计算机，设置就会不管用了。但一般情况下建议在"用户配置"节点下修改，本文主要讲解对"用户配置"节点各项设置的修改，附带讲解"计算机配置"节点下的一些设置。其中"管理模板"设置最多，应用最广，因此也是本操作的重中之重。

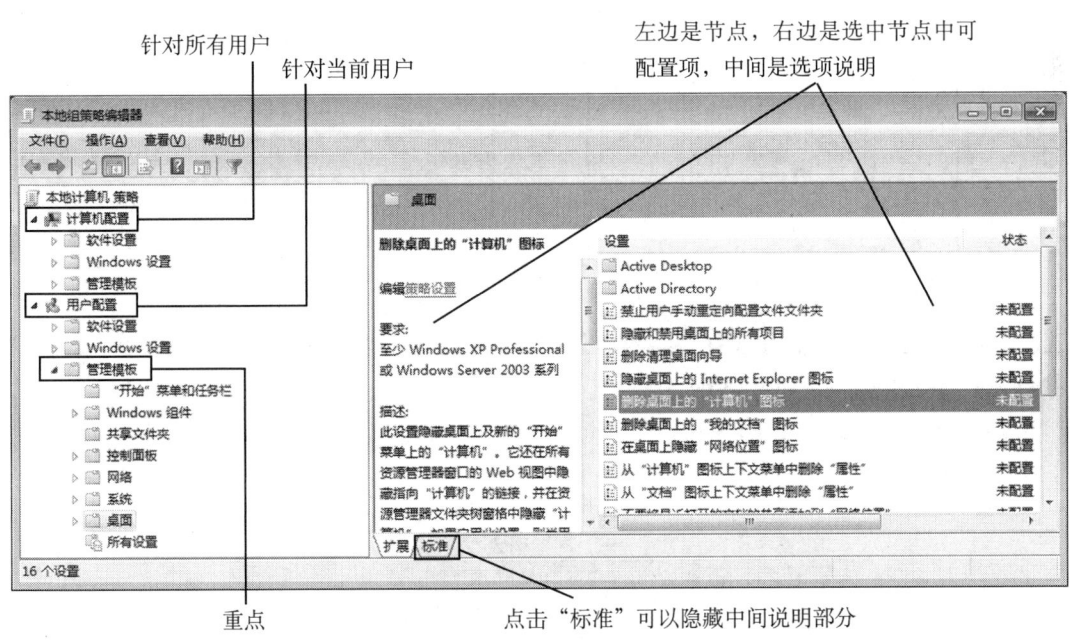

图7-11　组策略的结构

任务三 设置选项的含义

　　双击每一个可配置项都会弹出设置窗口，如图7-12所示。如果感觉不好理解，可以仔细阅读"帮助"，这里有详细介绍。

从 "计算机" 图标上下文菜单中删除 "属性"

从 "计算机" 图标上下文菜单中删除 "属性"

上一个设置(P)　下一个设置(N)

○ 未配置(C)
○ 已启用(E)
○ 已禁用(D)

注释:

支持的平台: 至少 Windows 2000 Service Pack 3

选项:

帮助:

此设置在 "计算机" 的上下文菜单中隐藏 "属性"。

如果启用此设置,则当用户右键单击 "我的电脑" 或单击 "计算机" 并转到 "文件" 菜单时,不会显示 "属性" 选项。同样,当选择 "计算机" 时,按 Alt-Enter 不会执行任何操作。

如果未配置或禁用了此设置,则 "属性" 选项将正常显示。

确定　取消　应用(A)

已启用一般指配置生效,相当于YES
已禁用一般指配置无效,相当于NO
未配置指未设置,一般指配置无效

不清楚时多看帮助

图7-12　设置选项的含义

任务四　组策略的应用实例

了解了组策略的结构,继续学习通过设置组策略实现各种功能。和修改注册表一样,修改组策略关键也是掌握技巧。本任务以Windows 7系统为例,不同版本的系统设置基本一样。

扫码观看视频

1. 从桌面删除回收站

在左边选中 "管理模板" 节点下的 "桌面",在右侧双击 "从桌面删除回收站",改为 "已启用",再刷新桌面(按F5键,或用鼠标右键单击桌面,单击 "刷新" 按钮),回收站图标消失,如图7-13所示。

图7-13　从桌面删除回收站图标

 　　组策略设置修改后，有的直接生效，有的要刷新后生效，有的则需要注销生效，有的甚至要重启计算机才能看到效果。

2. 开始菜单和任务栏设置

　　要改变系统的开始菜单和任务栏，自然是在"开始菜单和任务栏"这个节点设置。由于内容很多，而且设置项很容易理解，就不逐一讲解了。所列内容如图7-14所示。

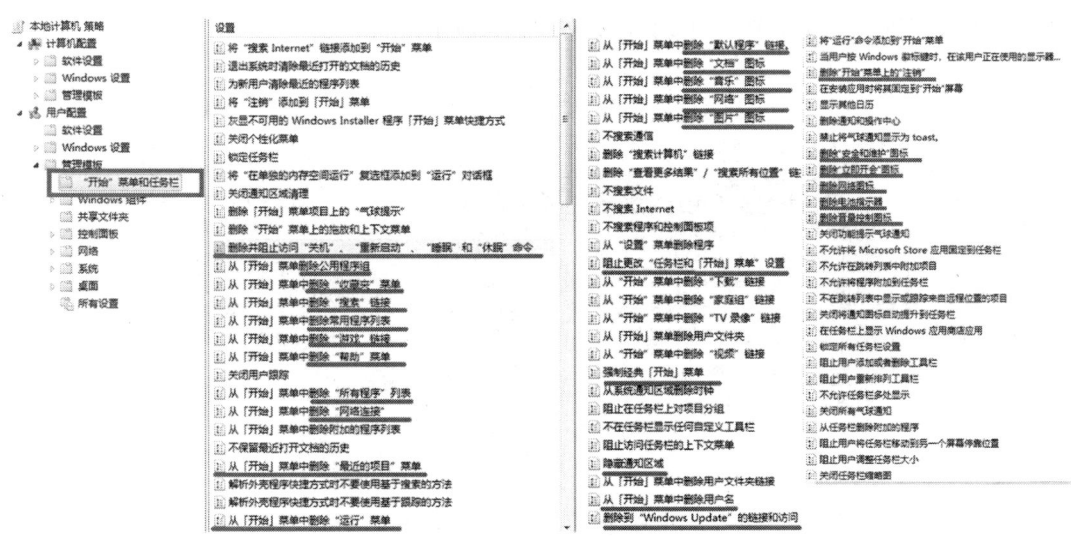

标出的为常用项

图7-14　开始菜单和任务栏的设置项

3. 桌面设置

桌面节点以及子节点的设置项，如图7-15所示。

扫码观看视频

📁 Active Directory
📁 桌面
📄 禁止用户手动重定向配置文件文件夹
📄 隐藏和禁用桌面上的所有项目
📄 删除清理桌面向导
📄 隐藏桌面上的 Internet Explorer 图标
📄 删除桌面上的"计算机"图标
📄 删除桌面上的"我的文档"图标
📄 在桌面上隐藏"网络位置"图标
📄 从"计算机"图标上下文菜单中删除"属性"
📄 从"文档"图标上下文菜单中删除"属性"
📄 不要将最近打开的文档的共享添加到"网络位置"
📄 从桌面删除回收站
📄 删除"回收站"上下文菜单的"属性"
📄 退出时不保存设置
📄 关闭 Aero Shake 窗口最小化鼠标手势
📄 禁止添加、拖、放和关闭任务栏的工具栏
📄 禁用调整桌面工具栏

设置 📁 桌面
📄 启用 Active Desktop
📄 禁用 Active Desktop
📄 不允许更改
📄 桌面墙纸
📄 禁止添加项目
📄 禁止关闭项目
📄 禁止删除项目
📄 禁止编辑项目
📄 禁用所有项目
📄 添加/删除项目
📄 只允许使用位图墙纸

设置 📁 Active Directory
📄 在"查找"对话框中启用筛选器
📄 隐藏 Active Directory 文件夹
📄 Active Directory 搜索的最大大小

— 两个子节点一般不需要修改

图7-15　桌面的设置项

4. 系统设置

系统节点以及主要子节点的设置项，如图7-16所示。

设置
📁 Ctrl+Alt+Del 选项
📁 Internet 通信管理
📁 Windows 热启动
📁 登录
📁 电源管理
📁 脚本
📁 可移动存储访问
📁 区域设置服务
📁 驱动程序安装
📁 文件夹重定向
📁 性能控制面板
📁 用户配置文件
📁 组策略

📄 2000 年世纪转译
📄 Windows 自动更新
📄 不要运行指定的 Windows 应用程序
📄 登录时不显示欢迎屏幕
📄 下载缺少的 COM 组件
📄 限制这些程序从帮助启动
📄 只运行指定的 Windows 应用程序
📄 自定义用户界面
📄 阻止访问命令提示符
📄 阻止访问注册表编辑工具

设置 📁 Ctrl+Alt+Del 选项
📄 删除 "更改密码"
📄 删除 "任务管理器"
📄 删除 "锁定计算机"
📄 删除 "注销"

设置 📁 登录
📄 不处理旧的运行列表
📄 不处理只运行一次列表
📄 在用户登录时运行这些程序

设置 📁 电源管理
📄 从休眠/挂起恢复时提示输入密码

设置 📁 组策略
📄 不允许交互用户生成策略的结果集数据
📄 创建新的组策略对象链接，默认成禁用
📄 关闭 ADM 文件的自动更新
📄 新组策略对象的默认名称
📄 用户组策略刷新间隔
📄 只强制显示策略
📄 组策略慢速链接检测
📄 组策略域控制器选择

图7-16　系统的设置项

项目七 个性化系统

5. 控制面板设置

控制面板节点以及子节点的主要设置项，如图7-17所示。

扫码观看视频

设置	设置 个性化	设置 添加或删除程序
程序	加载特定主题	删除"添加或删除程序"
打印机	禁止选择视觉样式字体大小	删除支持信息
个性化	密码保护屏幕保护程序	为"添加新程序"指定默认类别
区域和语言选项	屏幕保护程序超时	隐藏"从 CD-ROM 或软盘安装程序"选项
添加或删除程序	启用屏幕保护程序	隐藏"从 Microsoft 添加程序"选项
显示	强制使用特定的屏幕保护程序	隐藏"从网络添加程序"选项
禁止访问"控制面板"	强制使用特定的视觉样式文件或强制使用 Windows 经典	隐藏"更改或删除程序"页面
隐藏指定的"控制面板"项	阻止更改窗口和按钮的视觉样式	隐藏"设置程序访问权限和默认值"页面
在打开"控制面板"时始终打开所有控制面板项	阻止更改窗口颜色和外观	隐藏"添加/删除 Windows 组件"页面
只显示指定的"控制面板"项	阻止更改配色方案	隐藏"添加新程序"页面
	阻止更改屏幕保护程序	直接打开"组件向导"
	阻止更改声音	
	阻止更改鼠标指针	
	阻止更改主题	
	阻止更改桌面背景	
	阻止更改桌面图标	

图7-17 控制面板的设置项

6. Windows 组件设置

Windows组件节点以及子节点的主要设置项如图7-18所示。子节点Internet Explorer的内容如图7-19所示，Windows资源管理器的内容如图7-20所示。

Internet Explorer	Windows 移动中心	文件吊销
Microsoft Edge	边缘 UI	文件资源管理器
Microsoft User Experience Virtualization	多任务处理	演示文稿设置
Microsoft 管理控制台	附件管理器	应用程序兼容性
NetMeeting	工作文件夹	应用程序运行时
OOBE	即时搜索	应用商店
RSS 源	计算器	远程桌面服务
Windows Defender SmartScreen	将功能添加到 Windows 10	云内容
Windows Hello 企业版	录音机	桌面窗口管理器
Windows Installer	平板电脑	桌面小工具
Windows Media Player	凭据用户界面	自动播放策略
Windows Messenger	任务计划程序	
Windows PowerShell	输入法	设置 自动播放策略
Windows 错误报告	数据收集和预览版	关闭自动播放
Windows 登录选项	数字保险箱	阻止自动播放记住用户选择。
Windows 更新	搜索	不允许非卷设备的自动播放
Windows 日历	网络共享	设置自动运行的默认行为
Windows 颜色系统	位置和传感器	

图7-18 Windows组件的设置项

175

Internet 控制面板
Internet 设置
安全功能
持续行为
工具栏
管理员认可的控件
加速器
兼容性视图
浏览器菜单
删除浏览历史记录
脱机页
隐私
应用程序兼容性
将特定搜索提供程序列表添加到用户的搜索提供程序列表
关闭加载项性能通知
自动激活新安装的加载项
关闭故障检测
禁止用户启用或禁用加载项
允许 Internet Explorer 模式下的"将目标另存为"
允许 Microsoft 服务在用户向地址栏中键入内容时提供增强...
启用菜单栏(默认)
禁用缓存自动代理脚本
禁用 Internet Explorer 的外部简标
禁用更改高级页设置
自定义用户代理字符串
对拨号连接使用"自动检测"
关闭自动故障恢复

关闭 ActiveX 选择启用提示
关闭收藏夹栏
隐藏 Internet Explorer 11 停用通知
将菜单栏置于导航栏上方
将 Internet Explorer 11 作为独立浏览器禁用
阻止根据每个用户安装 ActiveX 控件
阻止更改弹出窗口筛选级别
关闭重新打开上次浏览会话
阻止绕过 SmartScreen 筛选器警告
阻止绕过提示文件不是常见的 Internet 下载内容的 SmartS...
关闭标签页分组
阻止"固定设置"功能
阻止管理网络钓鱼网站筛选
关闭 Internet Explorer 8 的"管理 SmartScreen 筛选器"
阻止管理 SmartScreen 筛选器
关闭安全设置检查功能
显示有关代理脚本下载失败的错误消息
在 Internet Explorer 模式下启用扩展热键
打开建议网站
启用兼容性日志记录
强制全屏模式
允许用户从"工具"菜单启用和使用企业模式
使用企业模式 IE 网站列表
允许 Internet Explorer 8 关闭行为
禁用导入/导出设置向导
关闭页面缩放功能
关闭浏览器地理位置

阻止访问 Internet Explorer"帮助"
阻止显示 Internet Explorer"搜索"框
关闭"快速导航标签页"功能
阻止更改默认的搜索提供程序
关闭标签页浏览中弹出窗口的配置
关闭标签页浏览
阻止打开窗口方式的配置
如果 Internet Explorer 不是默认 Web 浏览器, 则通知用户
配置 Outlook Express
指定使用 ActiveX 安装程序服务安装 ActiveX 控件
弹出窗口允许列表
在 Internet Explorer 模式下将 HTML 对话框的缩放重置为...
禁止更改辅助功能设置
禁止更改自动配置设置
禁止更改 Internet 临时文件设置
禁止更改日历和联系人设置
禁止更改证书设置
禁止更改默认浏览器检查
禁用更改颜色设置
禁用更改连接设置
禁用 Internet 连接向导
禁用更改字体设置
禁用表单的自动完成功能
启用"对表单上用户名和密码打开自动完成功能"
禁用更改主页设置
将企业模式站点列表中不包含的所有站点发送到 Microsoft ...
禁用更改语言设置
禁用更改链接颜色设置

图7-19 Internet Explorer的设置项

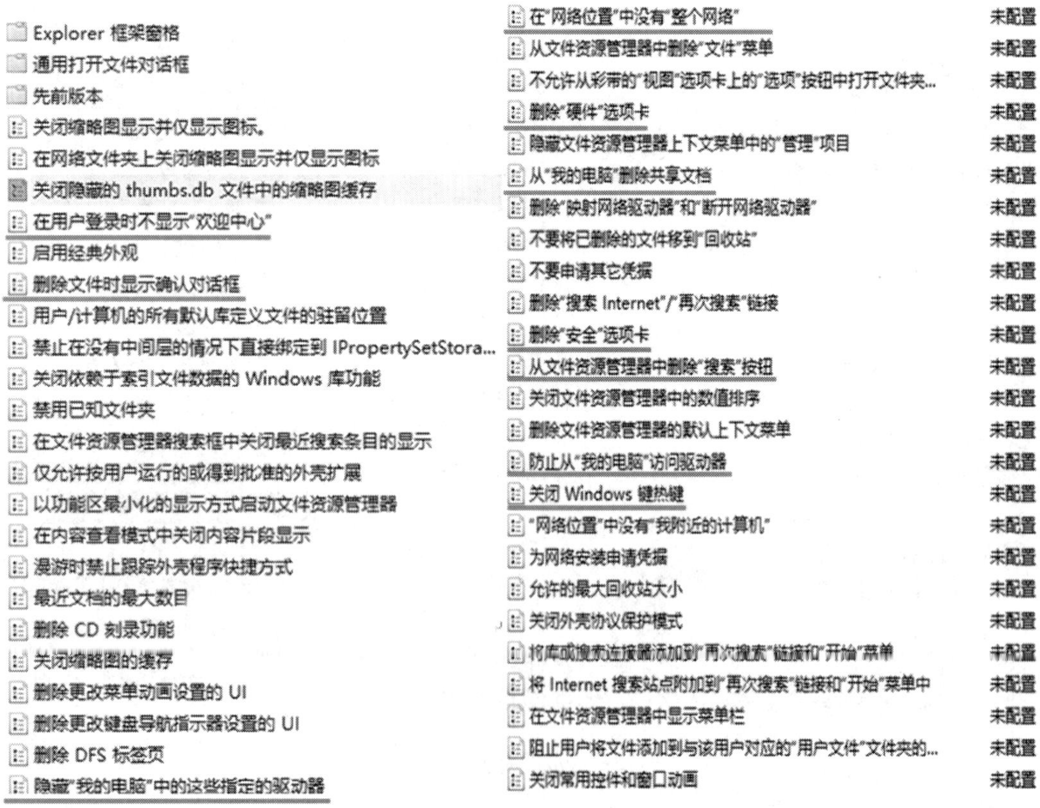

Explorer 框架窗格
通用打开文件对话框
先前版本
关闭缩略图显示并仅显示图标。
在网络文件夹上关闭缩略图显示并仅显示图标
关闭隐藏的 thumbs.db 文件中的缩略图缓存
在用户登录时不显示"欢迎中心"
启用经典外观
删除文件时显示确认对话框
用户/计算机的所有默认库定义文件的驻留位置
禁止在没有中间层的情况下直接绑定到 IPropertySetStora...
关闭依赖于索引文件数据的 Windows 库功能
禁用已知文件夹
在文件资源管理器搜索框中关闭最近搜索条目的显示
仅允许按用户运行的或得到批准的外壳扩展
以功能区最小化的显示方式启动文件资源管理器
在内容查看模式中关闭内容片段显示
漫游时禁止跟踪外壳程序快捷方式
最近文档的最大数目
删除 CD 刻录功能
关闭缩略图的缓存
删除更改菜单动画设置的 UI
删除更改键盘导航指示器设置的 UI
删除 DFS 标签页
隐藏"我的电脑"中的这些指定的驱动器

在"网络位置"中没有"整个网络"	未配置
从文件资源管理器中删除"文件"菜单	未配置
不允许从彩带的"视图"选项卡上的"选项"按钮中打开文件夹...	未配置
删除"硬件"选项卡	未配置
隐藏文件资源管理器上下文菜单中的"管理"项目	未配置
从"我的电脑"删除共享文档	未配置
删除"映射网络驱动器"和"断开网络驱动器"	未配置
不要将已删除的文件移到"回收站"	未配置
不要申请其它凭据	未配置
删除"搜索 Internet"/"再次搜索"链接	未配置
删除"安全"选项卡	未配置
从文件资源管理器中删除"搜索"按钮	未配置
关闭文件资源管理器中的数值排序	未配置
删除文件资源管理器的默认上下文菜单	未配置
防止从"我的电脑"访问驱动器	未配置
关闭 Windows 键热键	未配置
"网络位置"中没有"我附近的计算机"	未配置
为网络安装申请凭据	未配置
允许的最大回收站大小	未配置
关闭外壳协议保护模式	未配置
将库或搜索连接器添加到"再次搜索"链接和"开始"菜单	未配置
将 Internet 搜索站点附加到"再次搜索"链接和"开始"菜单中	未配置
在文件资源管理器中显示菜单栏	未配置
阻止用户将文件添加到与该用户对应的"用户文件"文件夹的...	未配置
关闭常用控件和窗口动画	未配置

Windows资源管理器所有的设置都看看

图7-20 Windows资源管理器的设置项

❖ 项目总结

通过对本项目的学习，掌握了Windows注册表和组策略的基本应用，能够通过它们对系统进行一些个性化的设置和修改。

❖ 练习与实践

➤ 单选题

1. 启动注册表编辑器的命令是（   ）。

    A. regedit   B. msconfig   C. gpedit.msc   D. reg

2. 启动组策略设置的命令是（   ）。

    A. regedit   B. msconfig   C. gpedit.msc   D. ghost

➤ 多选题

1. 下列哪些功能是通过修改注册表可以实现的？（   ）

    A. 锁定IE主页   B. 禁止访问盘符   C. 锁定桌面背景   D. 隐藏回收站图标

2. 组策略设置中，一般有哪三个选项？（   ）

    A. 未配置   B. 已启用   C. 已禁用   D. 未启用

➤ 判断题

1. 注册表和组策略功能完全一样。（   ）

    A. 对   B. 错

2. 注册表修改过的内容允许通过组策略再次修改。（   ）

    A. 对   B. 错

👆 实训任务一

通过注册表定制Windows	
项目背景 介绍	为了使用的独特性，有人喜欢把计算机个性化起来。请利用注册表把系统个性化
设计任务 概述	（1）让系统显示登录消息 （2）把开始菜单改得尽可能简洁 （3）将桌面背景设置为自己的生活照，再把背景锁定 （4）锁定IE主页为http://www.jxxhdn.com （5）把改过的内容还原

计算机组装与维护

07

通过注册表定制Windows	
实训记录	
教师考评	评语: 辅导教师签字:＿＿＿＿＿＿＿

实训任务二

通过组策略定制Windows	
项目背景 介绍	用注册表修改系统很麻烦,尝试用组策略对系统进行修改
设计任务 概述	(1)让系统显示登录消息 (2)把开始菜单改得尽可能简洁 (3)设置桌面背景为自己的一张生活照,再把背景锁定 (4)锁定IE主页为http://www.jxxhdn.com/ (5)把改过的内容还原

通过组策略定制Windows	
实训记录	
教师考评	评语： 辅导教师签字：＿＿＿＿＿＿

项目八

防治病毒与木马

▲ 项目导读

计算机病毒是编制者在计算机程序中插入的破坏计算机功能或者数据的代码，能影响计算机使用，并自我复制的一组计算机指令或者程序代码。计算机使用者基本都是病毒的受害者。本项目主要讲述一些常见病毒的工作原理以及预防方法，目的是使读者能够了解病毒，知道基本的病毒预防和处理方法。

本项目的最后安排了实训任务——U盘病毒的处理和杀毒软件的使用，通过实训任务使读者进一步了解病毒，以及更好地预防和处理病毒。

▲ 重点与难点

● 病毒的预防

● 杀毒软件的使用

● 木马的工作原理

学习目标

● 掌握病毒的概念、特点及预防
● 掌握杀毒软件的使用
● 了解木马的工作原理

操作一　了解计算机病毒和木马的概念和特点

在互联网时代，计算机的安全是每个计算机用户备受关注的问题，用户在使用计算机高效进行各种工作的同时，还要时刻提防病毒和木马等威胁。本操作将详细介绍计算机病毒和木马的概念和特点，让读者了解计算机病毒和木马。

任务一　病毒的概念

计算机病毒是指编制者在计算机程序中插入破坏计算机功能或者破坏数据，影响计算机使用并且能够自我复制的一组计算机指令或者程序代码。

计算机病毒会快速蔓延且难以根除，它不是独立存在的，而是寄生在其他可以执行的程序中，具有很强的隐藏性和破坏性。将携带病毒的文件从一个用户复制给另一个用户时，它们就随同文件一起蔓延开来。

任务二　病毒的特点

计算机病毒虽是一个小程序，但它和普通计算机程序不同，计算机病毒一般具有以下几个共同特点。

繁殖性：计算机病毒会像生物病毒一样不断繁殖，当正常程序运行时，它也能进行自身复制。具有繁殖、感染的特征是判断某段程序是否为计算机病毒的首要条件。

破坏性：计算机中毒后，可能会导致正常的程序无法运行，计算机内的文件被删除或受到不同程度的损坏，甚至会破坏计算机的引导扇区、BIOS、硬件环境。

传染性：计算机病毒的传染性是指计算机病毒通过修改别的程序将自身的复制品或其变体传染到其他无毒的对象上，这些对象可以是一个程序也可以是系统中的某一个部件。

潜伏性：计算机病毒的潜伏性是指计算机病毒具有依附于其他媒体寄生的能力，侵入后的病毒潜伏到条件成熟时才发作，使计算机异常。

隐蔽性：计算机病毒具有很强的隐蔽性，一般要通过杀毒软件才能检查出来，还有少数计算机病毒时隐时现、变化无常，杀毒软件都难以发现，处理起来很困难。

可触发性：编制计算机病毒的人一般都为病毒程序设定了一些触发条件，例如，系统时钟在某个时间或日期运行了某些程序等。一旦条件满足，计算机病毒就会发作，系统也就遭到了破坏。

任务三　认识常见病毒及处理办法

1. U盘病毒

U盘病毒又称Autorun病毒，就是通过U盘中的autorun.inf文件进行传播的病毒，随着U盘、移动硬盘、存储卡等移动存储设备的普及，U盘病毒已经成为比较流行的计算机病毒之一。

U盘对病毒的传播要借助autorun.inf文件，病毒首先把自身复制到U盘，然后创建一个autorun.inf的文件。当双击U盘时，会根据autorun.inf中的设置运行U盘中的病毒。

双击打开U盘时，若不是在当前窗口打开，而是在新窗口中打开，则很有可能是中病毒了。

U盘对病毒的防范和处理办法：在插入U盘时按住shift键直到系统提示设备可以使用，防止U盘自动运行而执行病毒程序。在打开U盘时不要双击打开，也不要用右键菜单的打开选项打开，而要使用资源管理器将其打开，或者使用快捷键"win+E"打开资源管理器，然后通过左侧栏的树形目录打开可移动设备，接着打开autorun.inf文件，确定病毒文件的位置，最后将autorun.inf与病毒文件（通常为*.exe的隐藏文件）一并删除即可。如图8-1和图8-2所示。

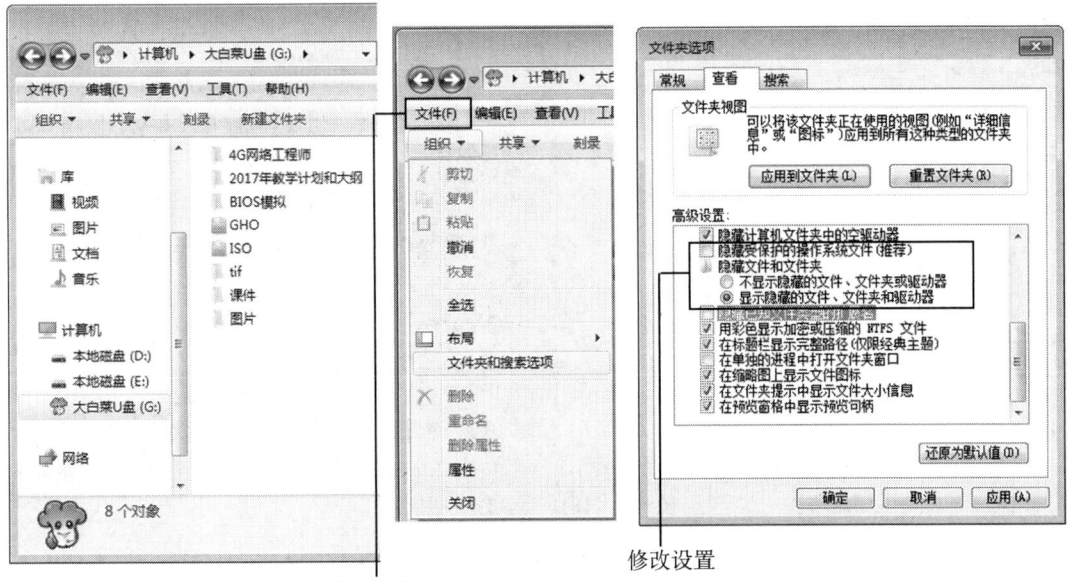

未看到病毒　　　　修改设置

图8-1　修改文件夹选项

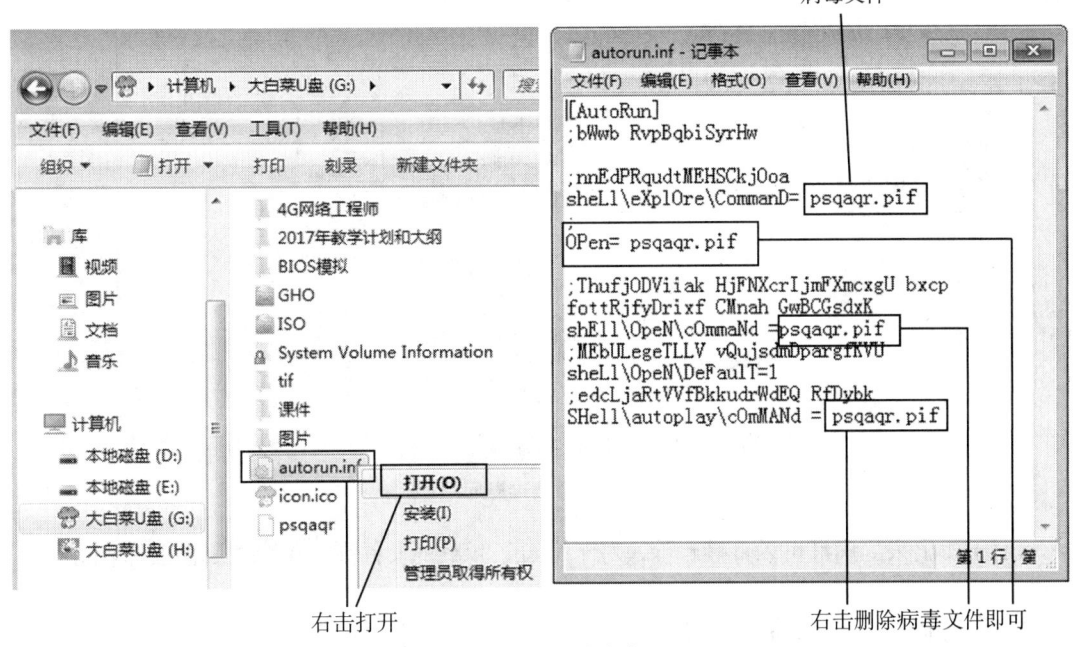

病毒文件

右击打开　　　　右击删除病毒文件即可

图8-2　识别U盘病毒

2. 文件夹图标病毒

现在的U盘病毒更流行另一种传播方式，那就是文件夹图标病毒。

文件夹图标病毒是具有类似性质的病毒的统称，此类病毒会将真正的文件夹隐藏起来，并生成一个与文件夹同名的exe文件，并使用文件夹的图标，使用户无法分辨，从而使计算机频繁感染病毒。

发现这种病毒的方法也很简单，插上U盘后，不要双击打开，而是使用资源管理器左侧栏的树形目录打开。如果发现有文件夹图标在右侧出现，而在左侧不出现，那就是病毒伪装的文件夹，如图8-3所示。

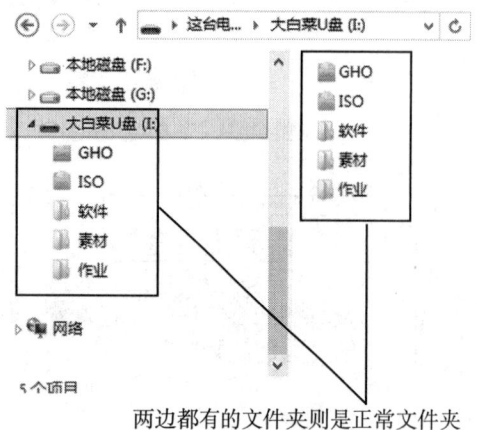
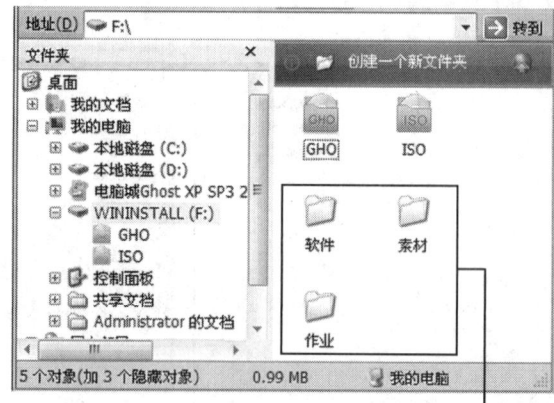

两边都有的文件夹则是正常文件夹　　　　　　只有右侧有的文件夹是病毒

图8-3　识别病毒文件夹图标

发现病毒后，就要让病毒显出真身，如图8-4所示。

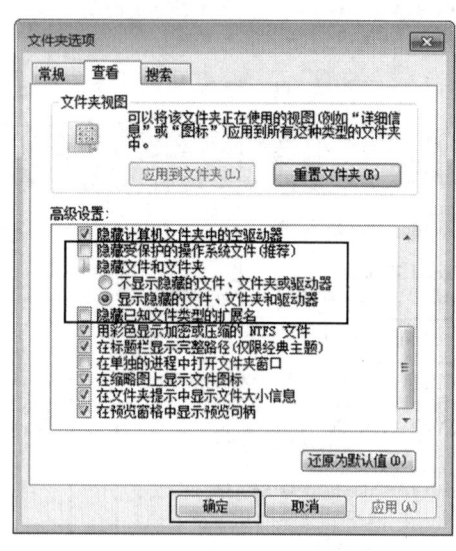
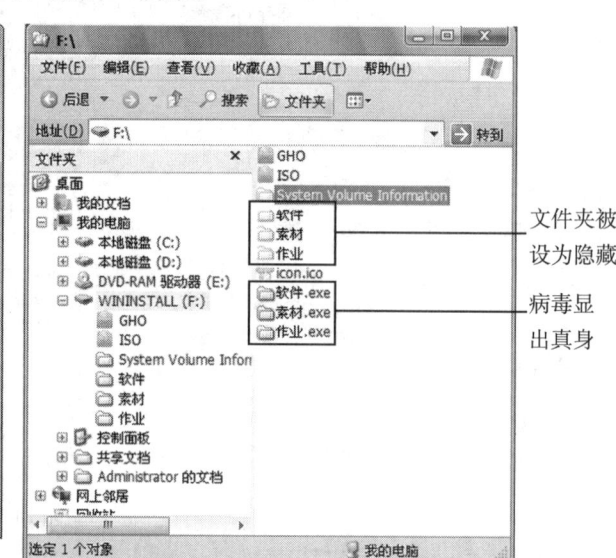

文件夹被设为隐藏

病毒显出真身

图8-4　病毒显形

对于找出来的病毒可以直接删除；对于设置了隐藏的文件夹，把隐藏属性去掉就好了。

任务四　"木马"的概念

木马又称为特洛伊木马，英文叫做Trojanhorse，是一款基于远程控制的黑客工具。黑客通过特定的程序（木马程序）来控制另一台计算机。木马通常有两个可执行程序：一个是控制端，另一个是被控制端。

计算机一旦中了木马，它就成了一台傀儡计算机（又称"肉机"），对方可以在目标计算机中上传文件，偷窥私人文件、偷取密码及口令信息等。可以说该计算机的一切秘密都将暴露在黑客面前，没有隐私可言。

木马程序是目前比较流行的病毒文件，与一般的病毒不同，它不会自我繁殖，也不会刻意地去感染其他文件，它是通过伪装吸引用户下载执行，向施种木马者提供打开被种主机的门户，使施种者可以任意毁坏、窃取被种者的文件，甚至远程操控被种主机。木马病毒的产生严重危害着现代网络的安全运行。

木马与计算机网络中常常要用到的远程控制软件有些相似，但由于远程控制软件是"善意"的控制，因此通常不具有隐蔽性；木马程序则完全相反，它是偷窃性的远程控制。简单来说木马就是用来非法控制计算机或盗取资源的。

任务五　常见木马类型

随着网络技术的发展，木马可谓是品种繁多，花样百出，因此，要想一次性列出所有类型的木马是不可能的。从木马的主要攻击能力来分，常见的木马主要有以下几种类型。

1. 键盘记录木马

键盘记录木马非常简单，就是记录下受害者的键盘敲击记录，它们有在线和离线记录两个选项，可以分别记录在线和离线状态下敲击键盘时的按键情况，也就是说黑客从记录中可以知道按过什么按键，并且很容易从中获得密码等有用信息，甚至是信用卡账号。当然，对于这种类型的木马，很多都具有邮件发送功能，会自动将密码发送到黑客指定的邮箱。

2. 密码发送木马

密码发送木马可以在受害者不知道的情况下，把找到的所有隐藏密码发送到指定的信箱，从而获取目标主机的密码。它们大多数会在每次启动Windows时重新运行，而且多使用25号端口发送邮件。如果目标机有隐藏密码，这类木马是非常危险的。

3. FTP 木马

这种木马唯一的功能就是打开21端口并等待用户连接。现在，新FTP木马还加上了密码功能，这样只有攻击者本人才知道正确的密码，从而进入对方计算机。

4. DoS 攻击木马

随着DoS攻击被广泛应用，被用于DoS攻击的木马也流行起来。当黑客入侵一台计算机后，给其种下DoS攻击木马，以后这台计算机就成为黑客DoS攻击的得力助手了。黑客控制的"肉机"数量越多，发动DoS攻击取得成功的概率就越大。因此这种木马的危害不是体现在被感染的计算机上，而是体现在黑客利用它来攻击一台又一台计算机，这给网络造成很大的伤害和损失。

还有一种类似DoS的木马叫作邮件炸弹木马，一旦机器被感染，木马就会随机生成各种各样主题的信件，对特定的邮箱不停地发送邮件，一直到邮箱瘫痪，不能接受邮件为止。

5. 代理木马

黑客在入侵的同时会掩盖自己的足迹，谨防别人发现自己的身份，因此，给被控制的"肉机"种上代理木马，让其变成攻击者发动攻击的跳板就是代理木马最重要的任务。通过代理木马，攻击者可以在匿名的情况下使用Telnet，ICQ，IRC等程序，隐蔽自己的踪迹。

6. 反弹端口型木马

反弹端口型木马的服务端（被控制端）使用主动端口，客户端（控制端）使用被动端口，正好与一般木马相反。木马定时监测控制端的存在，发现控制端上线立即弹出端口，主动连接控制端打开的被动端口。

操作二　预防计算机病毒和木马

计算机病毒和木马会带来很多麻烦，本节介绍处理病毒和木马的方法，以减少中病毒和木马的可能性。

任务一　基本原则

对待计算机病毒和木马应以预防为主。一旦计算机中了病毒和木马，有可能已经产生损失，即使把病毒和木马清除掉，也无法挽回损失。例如：计算机中病毒或木马后，文件被病毒删除和粉碎了，一些重要资料遭到窃取。

任务二　预防措施

根据病毒和木马的特点，可采取多种预防措施，具体如下所述。

（1）安装杀毒软件及打开网络防火墙，及时更新病毒库。

（2）不随意安装不明软件。

（3）不打开安全性得不到保障的网站。

（4）从网络下载文件后要及时杀毒。

（5）关闭多余端口，让计算机在合理的使用范围内使用。

（6）关闭IE安全中的ACTIVEX运行，有些网站会利用它来入侵计算机。

（7）如果有条件，尽量使用非IE内核的浏览器。

（8）不要使用修改版的软件，如果一定要使用，在使用前请查杀病毒或木马，以确保安全。

（9）小心诱饵陷阱，请勿轻信类似于中奖的广告邮件等。

（10）有"备"无患，定时备份一些重要的文件。

操作三　杀毒软件的使用

杀毒软件是防范与查杀病毒必不可少的工具，本操作学习如何使用杀毒软件。

任务一　杀毒软件的选择

市场上主流的杀毒软件有免费杀毒软件和付费杀毒软件之分，每个杀毒软件都有自己的特点，不能简单地判断哪个更好。相对免费软件，收费的具有更强的防范和杀毒效果。对于一般用户来说，免费的就足够了。免费的杀毒软件中，360杀毒和电脑管家使用得最多。下面以360杀毒软件为例来讲解如何利用杀毒软件查杀病毒和木马。

建议只安装一个杀毒软件，安装多了不仅会消耗更多的系统资源，软件之间也容易引起冲突，导致计算机使用异常。

任务二　360杀毒软件的使用

360杀毒软件是一款号称永久免费的杀毒软件，开创了杀毒软件免费杀毒的先河。360杀毒软件的功能与收费杀毒软件相同，快速轻巧不占资源，同时可以查杀木马。360杀毒软件具有实时监控功能，可以监控程序的创建、修改等操作。

1. 下载和安装 360 杀毒

在360杀毒软件的首页（https://sd.360.cn/）下载软件，具体如图8-5所示。

扫码观看视频

图8-5　下载360杀毒软件

双击下载的文件就可以直接安装，安装完成会自动运行，具体如图8-6所示。

图8-6　360杀毒软件运行界面

2. 使用 360 杀毒软件

360杀毒软件界面提供快速扫描、全盘扫描和自定义扫描三个类型，如图8-7所示。全盘扫描是对系统彻底的检查，对计算机中的每一个文件都会进行检测，花费的时间很长。推荐用户使用快速扫描，这对计算机中关键的位置以及容易受到木马侵袭的位置进行扫描，扫描的文件较少，所以速度很快。若时间足够，可以选择全盘扫描来对计算机进行一次大检查，若想快速检测计算机则选择快速扫描。

图8-7　360杀毒软件扫描方式

单击"快速扫描"后，360杀毒软件会进入扫描界面，对系统设置、常用软件、内存活跃程序、开机启动项、系统关键位置进行扫描，待扫描完成后，有异常的地方会在下方出现，如图8-8所示。选中有异常的地方然后单击右上角的"立即处理"按钮，这些问题就会得到修复。

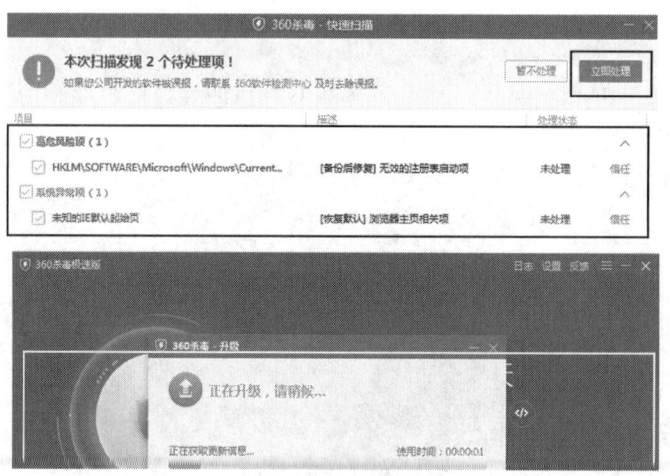

图8-8　问题修复

在360杀毒软件的主界面上还有功能大全选项，单击功能大全后，会出现系统安全、系统优化、系统急救三大类选项，在各自的下方还有很多种功能，有需要的用户可以点击体验，如图8-9所示。

图8-9　360杀毒软件功能大全

病毒库就是一个数据库，它记录着计算机病毒的特征，只有及时更新病毒库，杀毒软件才能识别出最新的病毒。每天都会有新病毒产生，想让计算机能够防御新的病毒，杀毒软件的病毒库必须是最新的。在360杀毒软件主界面会显示当前病毒库日期，单击"检查更新"按钮，可以对病毒库进行更新，如图8-10所示。

图8-10　更新病毒库

注意　　只要计算机是联网状态，360杀毒软件就会自动更新病毒库。当然，用户也可以手动单击主界面下的"检查更新"按钮更新病毒库。

❖ 项目总结

通过本项目的学习，了解了病毒的概念及特点，以及木马的工作原理，掌握了如何处理病毒以及如何使用杀毒软件。

❖ 练习与实践

➤ 单选题

1. 下列预防计算机病毒的注意事项中，错误的是（　　　）。

    A. 不使用网络，以免中毒　　　　　　B. 重要资料要经常备份

    C. 备好启动盘　　　　　　　　　　　D. 不打开来历不明的链接

2. 对待计算机病毒的基本原则是（　　　）。

    A. 杀毒　　　　　B. 防毒　　　　　C. 不连网　　　　D. 不用U盘

➤ 多选题

1. 下列哪些属于计算机病毒的特点？（　　　）

    A. 破坏性　　　　B. 传染性　　　　C. 隐蔽性　　　　D. 可触发性

2. 下列哪些属于杀毒软件？（　　　）

    A. 360杀毒　　　　B. 卡巴斯基　　　　C. Office　　　　D. 腾讯电脑管家

➤ 判断题

1. 木马是一种特殊的病毒。（　　　）

    A. 对　　　　　B. 错

2. 杀毒软件能清除病毒，但不能预防病毒。（　　　）

    A. 对　　　　　B. 错

3. 安装了杀毒软件的计算机是永远不会中毒的。（　　　）

    A. 对　　　　　B. 错

08

✍ **实训任务一**

U盘病毒处理	
项目背景 介绍	目前U盘是病毒的重灾区
设计任务 概述	（1）检查U盘是否中毒 （2）若U盘中毒则清除U盘病毒
实训记录	
教师考评	评语： 辅导教师签字：＿＿＿＿＿＿

实训任务二

360杀毒软件的使用	
项目背景 介绍	杀毒软件是防范与查杀病毒必不可少的工具
设计任务 概述	（1）下载并安装360杀毒软件 （2）通过360杀毒软件检测计算机 （3）更新360杀毒软件的病毒库
实训记录	
教师考评	评语： 辅导教师签字：＿＿＿＿＿＿

项目九

系统的优化与维护

▲ 项目导读

对于维护计算机而言，只针对病毒和木马的防治远远不够，因为计算机软件系统的运行也直接影响着计算机的工作效率。因此，对系统进行优化与维护才能保证计算机的正常运行。

本项目安排了实训任务，通过实训任务保证计算机正常运行。

▲ 重点与难点

- 计算机系统的优化

- 计算机系统的备份与还原

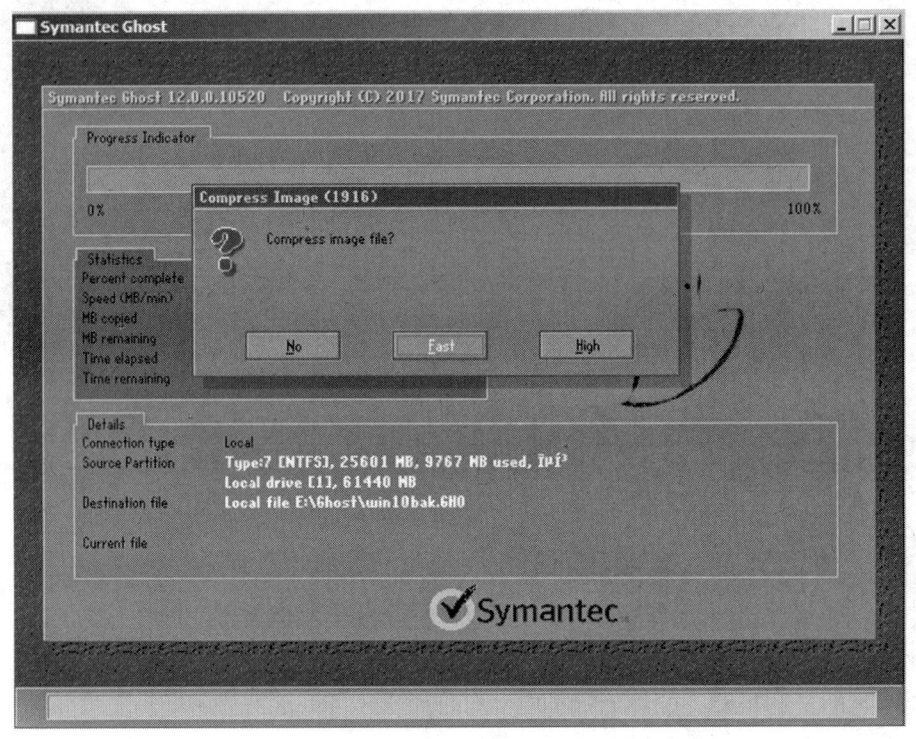

▲ **学习目标**
- 熟悉计算机系统的优化方法
- 掌握使用ghost对系统进行备份与还原

操作一　系统的优化设置

计算机使用久了，难免会出现一些卡顿现象，只有状况良好的计算机系统才会有一个正常运行的计算机环境。通过对计算机系统进行优化设置，不仅可以提高系统的启动与运行速度，还可以提高日常的工作效率。本操作介绍计算机系统的一些优化设置。

任务一　手动优化系统

1. 虚拟内存设置

虚拟内存就是用硬盘来模拟内存使用的，设置虚拟内存可以加快系统的运行速度。计算机中所有运行的程序都需要经过内存来执行，如果执行的程序很大或者很多就会导致内存消耗殆尽。为了解决这个问题，Windows中运用了虚拟内存技术，就是拿出一部分硬盘空间来充当内存使用，当内存占用完时，计算机会自动调用硬盘来充当内存，以缓解内存的紧张。

扫码观看视频

用鼠标右键单击"计算机"，选择"属性"，在系统控制面板中选中"高级系统设置"，在弹出的"系统属性"窗口中选择"高级"选项卡，单击"设置"按钮，再次选中"高级"选项卡，单击"更改"按钮，如图9-1所示。

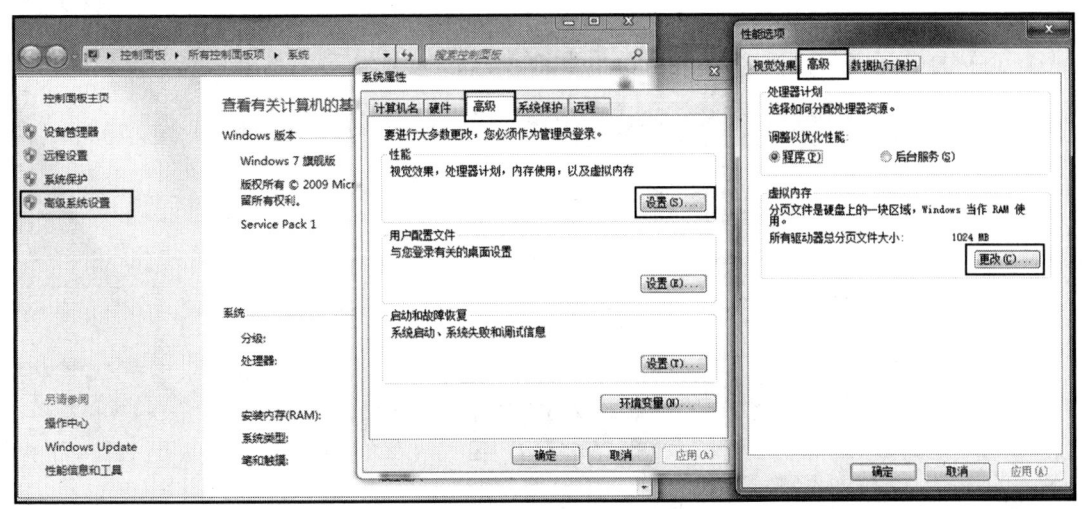

图9-1　打开虚拟内存设置

打开虚拟内存设置页面，取消勾选"自动管理所有驱动器的分页文件大小"，然后选择存放虚拟内存的驱动器。在下面选中自定义大小，在"初始大小"和"最大值"输入框中都输入12 207，如图9-2所示。

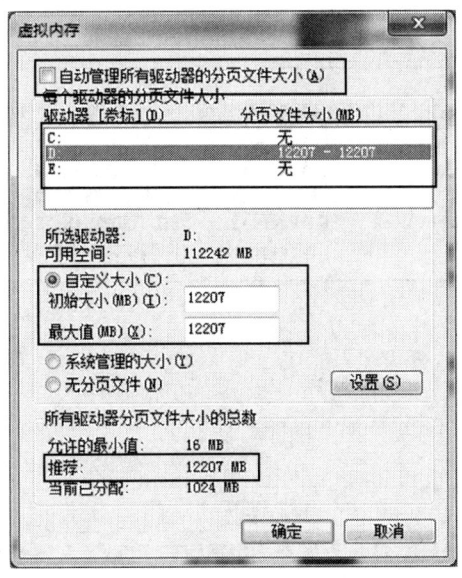

图9-2　虚拟内存设置

注意　　如果系统分区不是固态硬盘，建议把虚拟内存设置在其他的磁盘中，虚拟内存大小最高可设置成内存的2倍，推荐采用1.5倍的大小。

2. 关闭系统开机自启动软件

计算机中安装的很多软件是会随着计算机开机时自动运行的，这会导致系统启动慢和运行的速度变慢，这时就需要修改启动项了。修改步骤如下所述。

扫码观看视频

（1）打开运行窗口，输入"msconfig"命令，如图9-3所示。

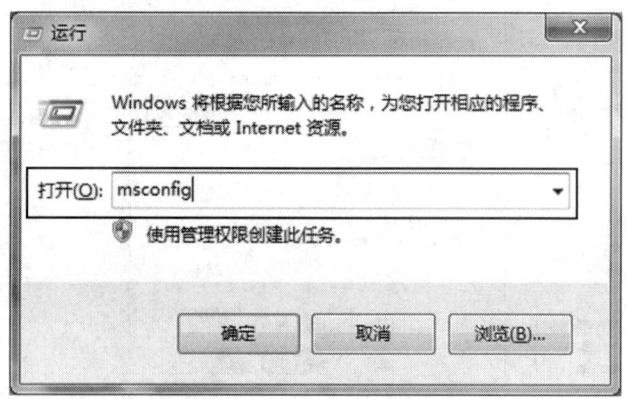

图9-3　运行MSCONFIG命令

（2）打开系统配置窗口之后默认显示的是"常规"选项卡，单击"启动"选项卡，如图9-4所示。

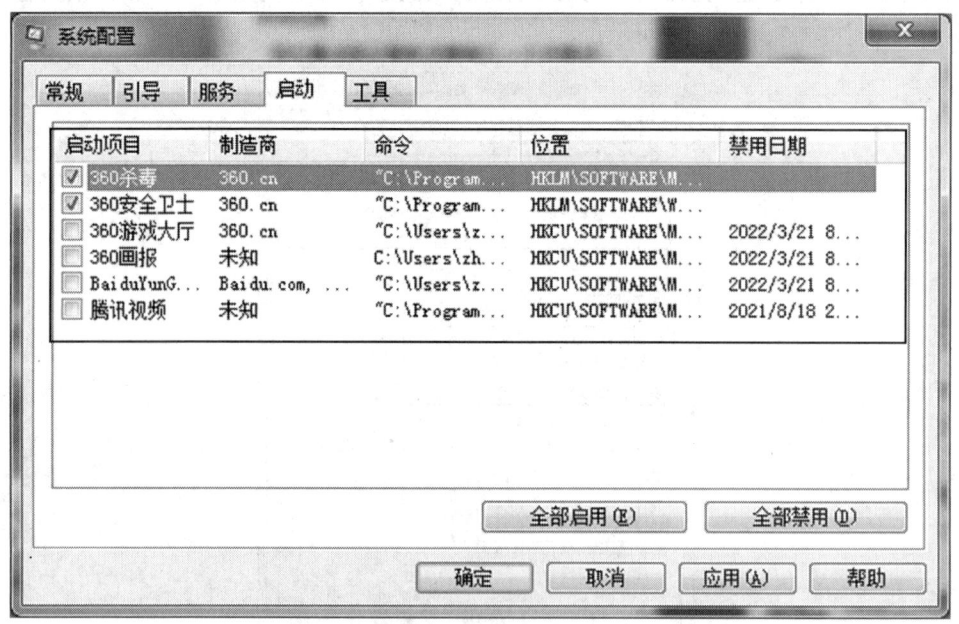

图9-4　关闭启动的程序

（3）软件前面打钩的表示随机启动，不打钩的表示开机时不启动。在此关闭不需要随机启动的软件，但是一定要保留杀毒软件和安全软件。

3. 关闭系统服务

计算机系统在启动之后会运行大量的系统服务，这些服务用来保障各种功能的正常运行。计算机中还有很多不常用的服务和一些第三方软件的服务也

扫码观看视频

被启动了，使得计算机运行的速度越来越慢。通过禁用不常用的服务，可提升计算机的运行速度。具体操作步骤如下所述。

（1）打开运行窗口，输入"services.msc"命令，如图9-5所示。

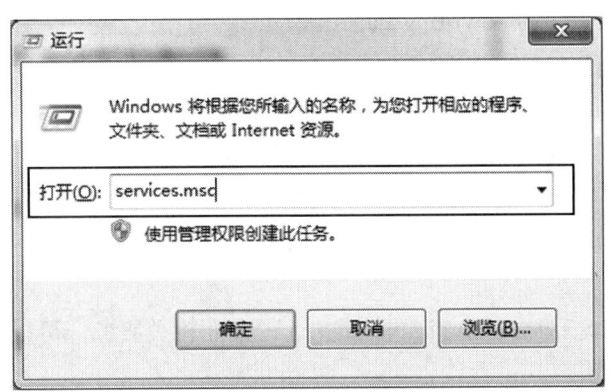

图9-5　启动服务命令

（2）在服务列表中打开需要关闭的服务，把"启动类型"改为"禁用"，单击"停止"按钮，再单击"确定"按钮即可，如图9-6所示。

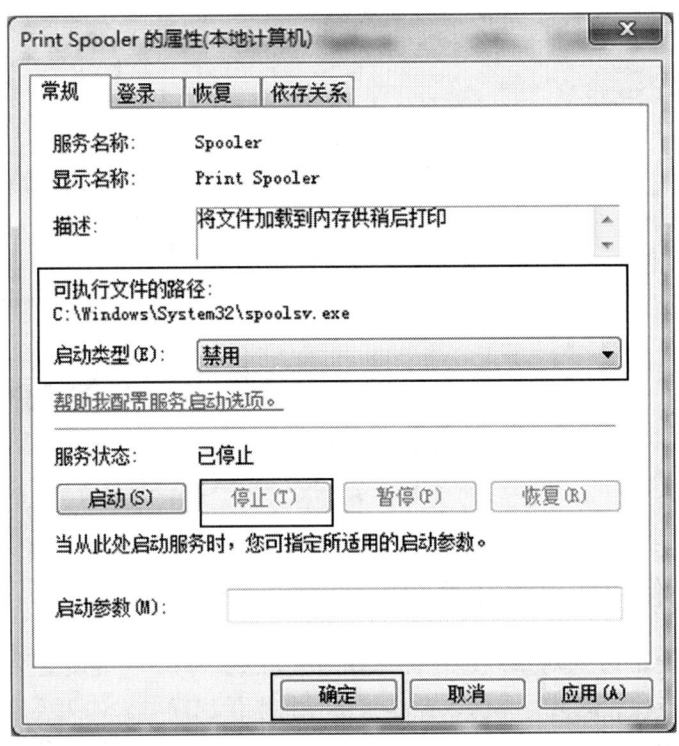

图9-6　服务禁用

下面列举一些不常用的服务，可以直接禁用。

Print Spooler：打印后台处理服务，如果计算机没有连接打印机，就可以禁用。

Fax：传真服务，目前几乎用不到。

Smart Card：智能卡服务，一般用户用不到。

Touch Keyboard and Handwriting Panel Service：触摸键盘、手写面板笔和墨迹功能，不是触摸屏的用户可以直接禁用。

Downloaded Maps Manager：下载的地图管理器，可以直接禁用。

Netlogon：此服务使用域控制器验证用户账户和其他服务，家庭计算机一般用不到，可以直接禁用。

Windows Defender Firewall：Windows杀毒软件，如果计算机安装了第三方杀毒软件，就可以关闭。

Remote Desktop Services /Configuration：远程桌面相关服务，可以禁用。

4. 关闭系统还原功能

用鼠标右键单击"计算机"，选择"属性"，在计算机属性面板中选中"系统属性"，在弹出的"系统属性"窗口中选择"系统保护"选项卡，再单击"配置"按钮，在还原设置中选择"关闭系统保护"，如图9-7所示。

扫码观看视频

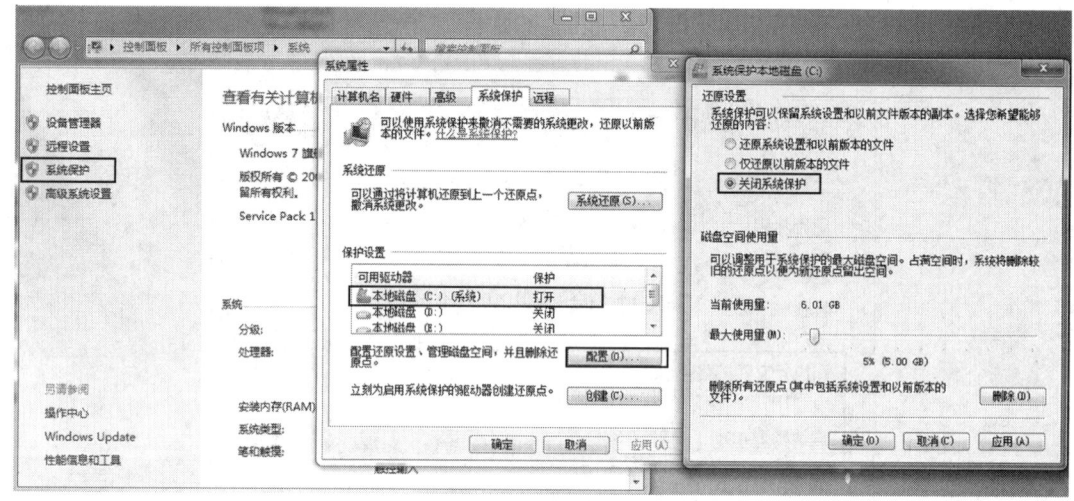

图9-7　关闭系统还原

任务二　使用软件优化系统

采用手动优化的方式对系统进行优化相对来说更好些，但是要记大量的操作命令和操作步骤，这又有可能因操作错误导致系统出问题。如果不愿意去记这些命令和步骤，也可以通过优化软件对系统进行优化。Windows优化大师是一款比较常用且功能强大的系统工具软件，它提供了系统检测、系统优化、系统清理、系统维护四大功能模块及数个附加的工具软件。软件的整个操作过程相当简单，在此就不详细介绍，界面如图9-8所示。

扫码观看视频

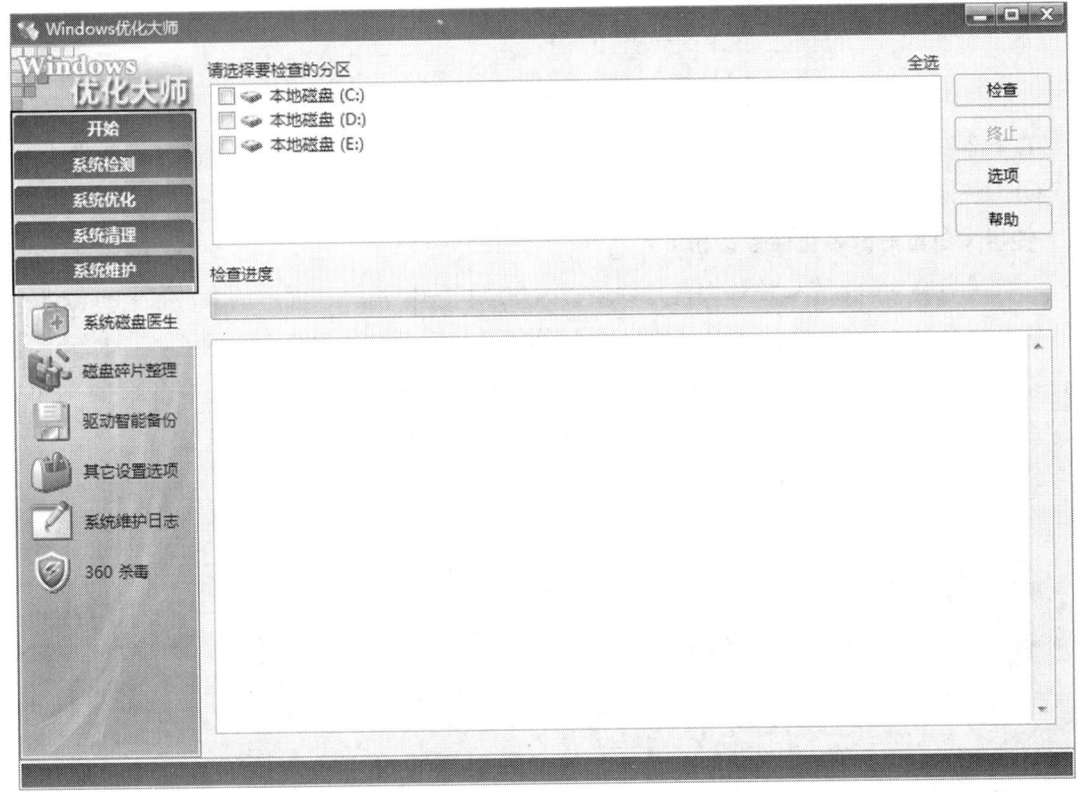

图9-8　Windows优化大师操作界面

操作二　备份和还原系统

　　由于某些软件和硬件的驱动程序可能与系统不兼容，或者因病毒感染导致经常死机和重启，甚至系统彻底瘫痪。在这种情况下，如果系统进行了备份，就可以直接将系统还原，不但高效地解决了系统问题，还节省了重装系统的时间。本操作介绍如何使用GHOST软件对系统进行备份和还原。

任务一　什么是GHOST软件

　　GHOST软件是一款专业的对分区、硬盘备份还原的工具，它可以将一个分区或整块硬盘完全备份成一个GHO映像文件，当这个硬盘或分区损坏后，可以很快通过这个GHO映像文件将分区或硬盘内容还原到另一个分区或硬盘上。前面学习的系统安装就是用GHO映像文件来还原系统。下载的GHOST版系统映像文件中，最大的文件就是GHO映像文件。

　　因此，在装好一个系统并装好驱动以及必备软件后，再进行相应的系统优化，接着马上就将系统所在的C盘（系统盘）做一个GHO映像文件放到其他硬盘中备份，当系统被病毒攻击崩溃或是硬盘损坏时，就可以通过GHO文件快速地将系统还原到C盘中或新的硬盘中，这个系统将和备份时的系统完全一样。

任务二　使用GHOST备份系统

GHOST软件不需要下载，制作的大白菜U盘中自带，GHOST可以把一块硬盘或分区上的全部内容备份到另一块硬盘或分区上，也可以把硬盘或分区中的全部内容备份成一个GHO映像文件。

1. 使用大白菜一键装机命令备份

如果只是对C盘的系统备份，只要运行大白菜U盘PE系统桌面上的大白菜一键装机命令。通过U盘启动计算机，进入到PE系统界面，运行桌面上的"大白菜一键装机"命令，在出现的大白菜智能快速装机PE版的窗口中选择"备份系统"，然后在"请选择映像文件"中设置GHO映像文件保存的位置及名字，再单击"执行"按钮，操作过程如图9-9所示。

扫码观看视频

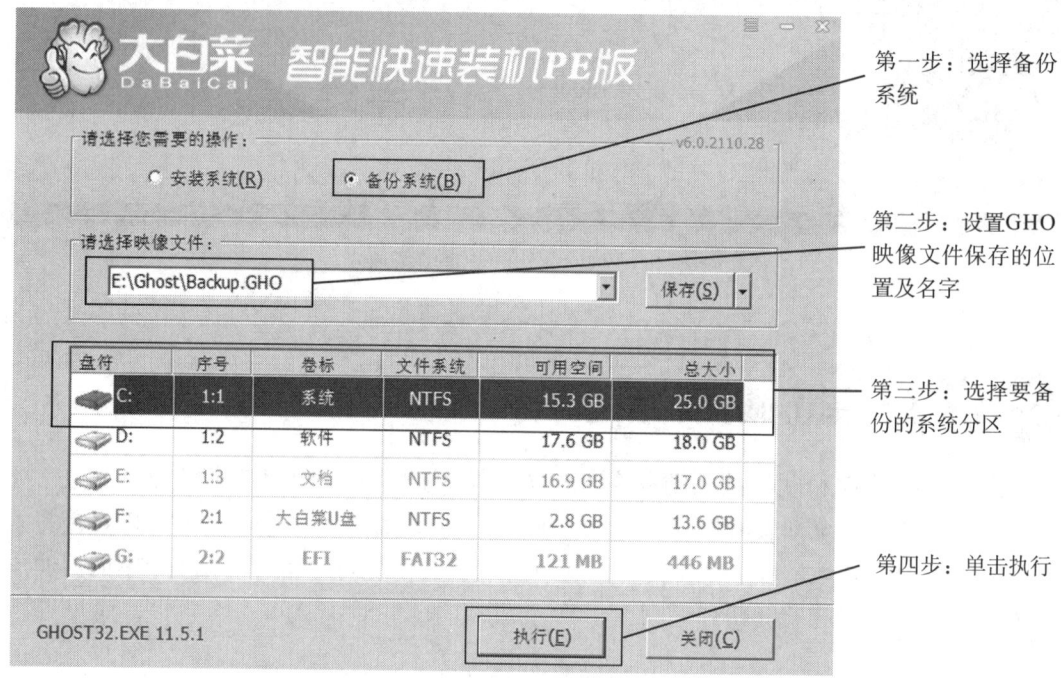

图9-9　通过大白菜备份系统

单击"执行"按钮后，将会出现图9-10所示的备份窗口，备份完成后在计算机E盘的Ghost文件夹中将看到图9-11所示的Backup.gho文件。

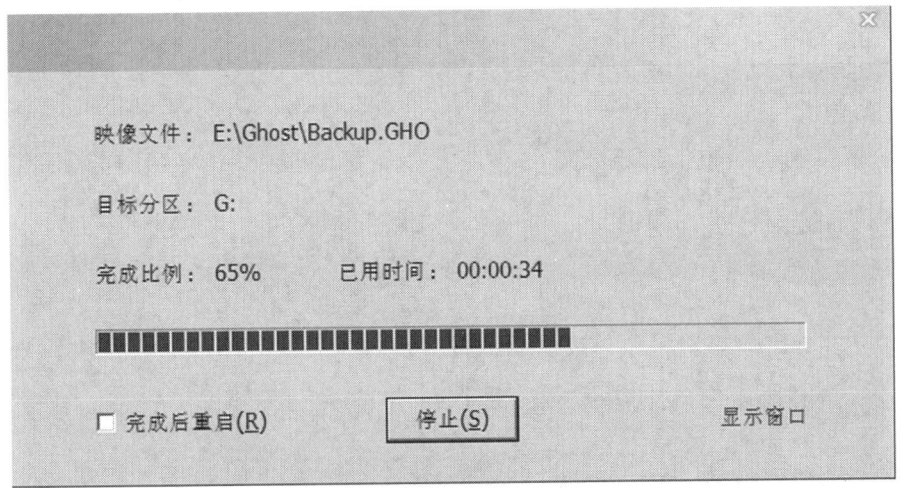

图9-10　正在备份

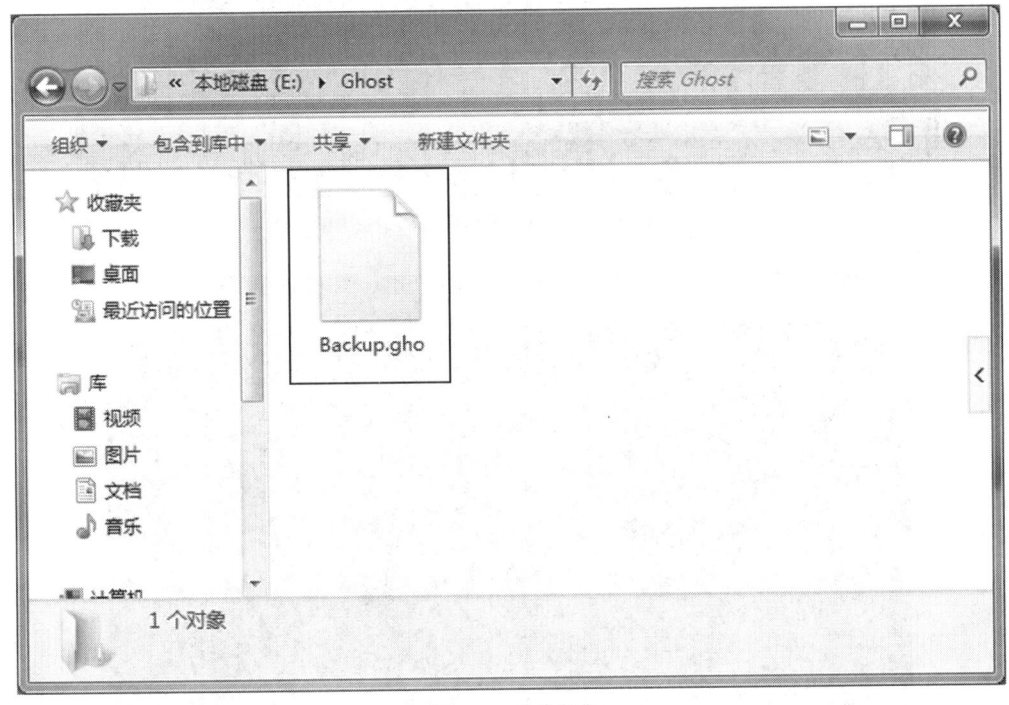

图9-11　备份完成

2. 使用 PE 手动运行 GHOST 工具备份

使用PE手动运行GHOST工具，不仅可以对分区备份，还可以对整块硬盘进行备份。

备份步骤如下所述。

（1）在PE桌面上单击"开始"→"程序"→"备份还原"→"GHOST 12.0"命令，如图9-12所示。

扫码观看视频

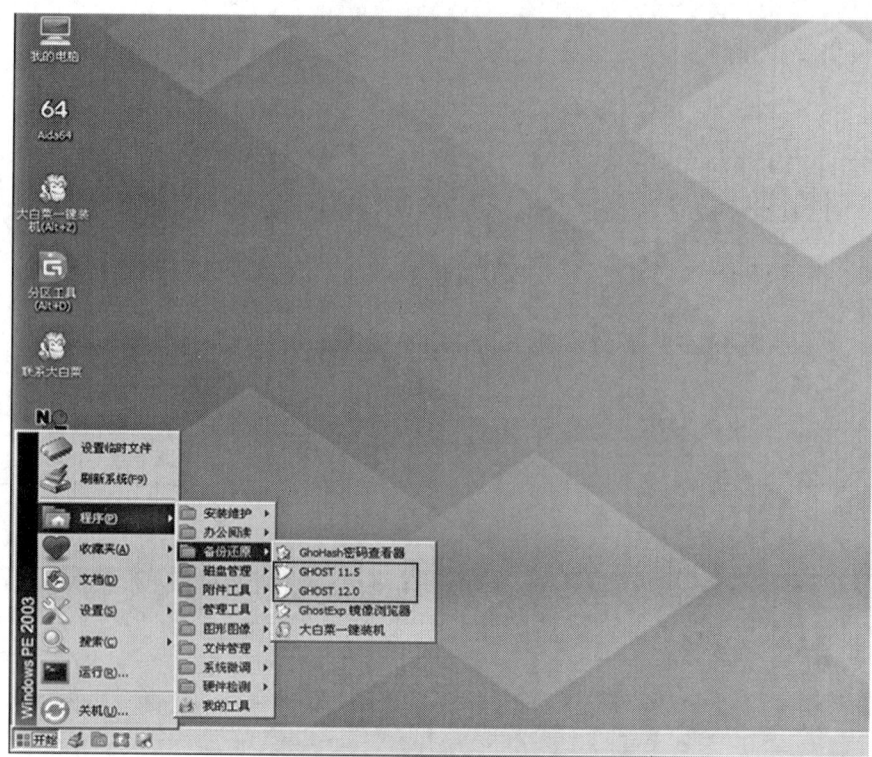

图9-12 打开GHOST工具软件

（2）打开GHOST工具软件，出现图9-13所示的GHOST操作界面。

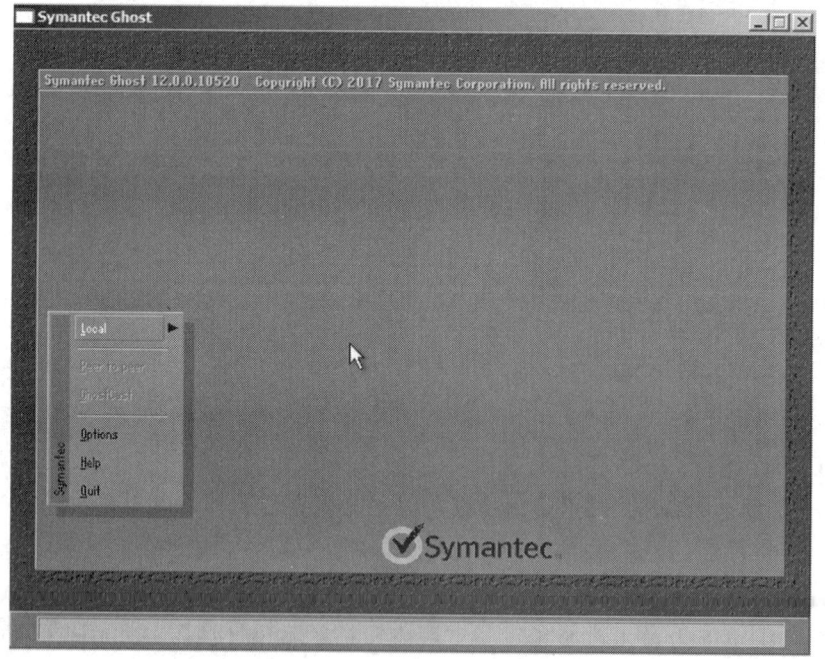

图9-13 GHOST操作界面

（3）选择"local"（本地）→ "Partition"（分区，Disk：表示硬盘）→ "to image"（到映像文件）命令，将分区备份到GHO映像文件，如图9-14所示。

Partition to Image: 表示分区到GHO镜像
Disk to Image: 表示硬盘到GHO镜像

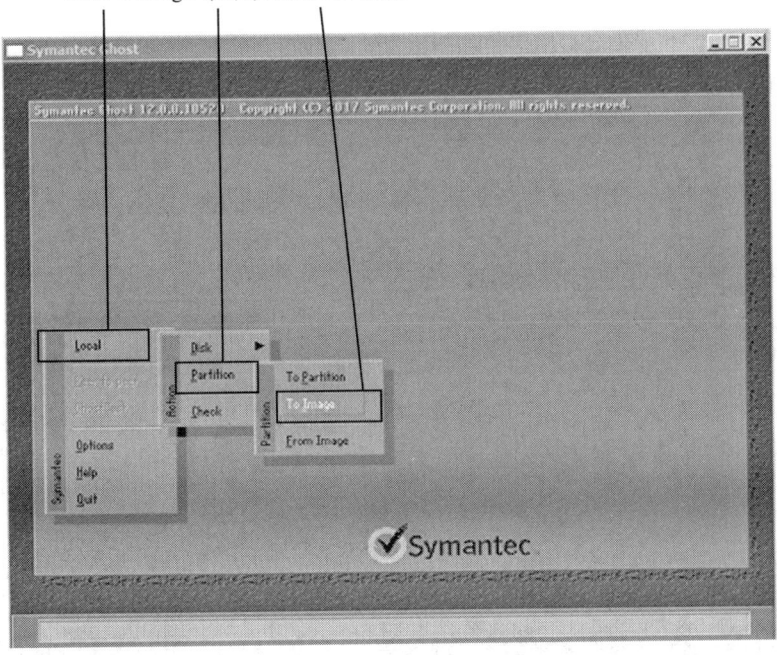

图9-14 分区备份操作

(4) 选择要备份的硬盘，如图9-15所示。

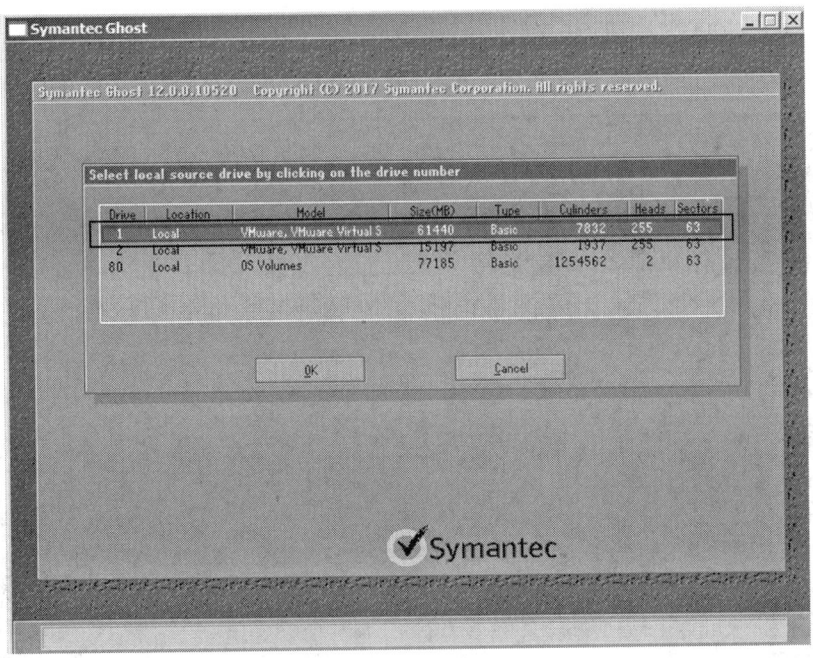

图9-15 选择备份的硬盘

注意

在选择要备份的硬盘时，千万不要选择U盘，必须是选择安装了系统的硬盘。

（5）单击"OK"按钮，再选择要备份的分区（系统所在分区，同样不能选错），如图9-16所示。

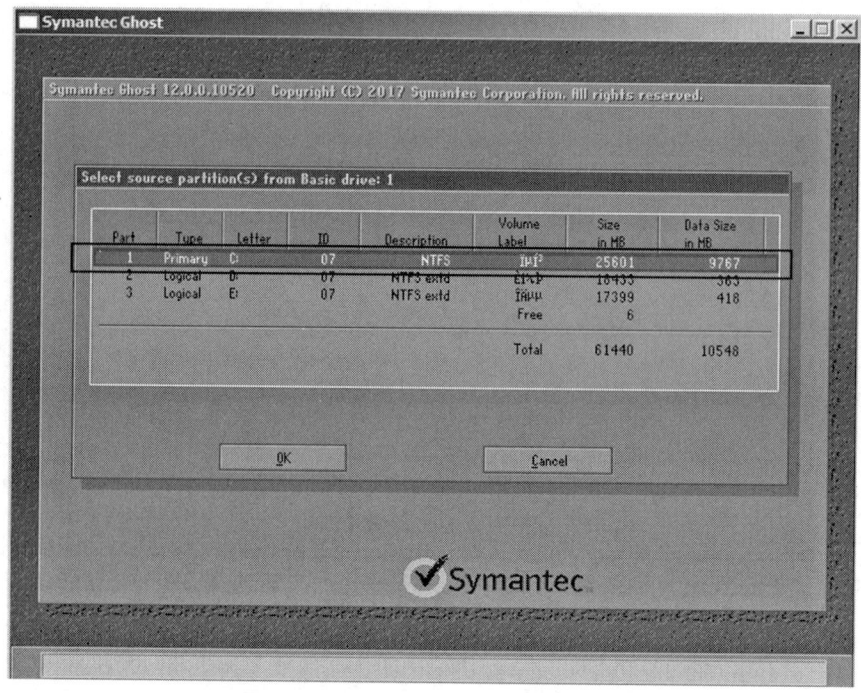

图9-16　选择备份的分区

（6）单击"OK"按钮后，弹出设置GHO映像文件保存的位置与名字，这里同样保存在E盘的Ghost文件夹中，文件名为：win10bak.gho，如图9-17所示。

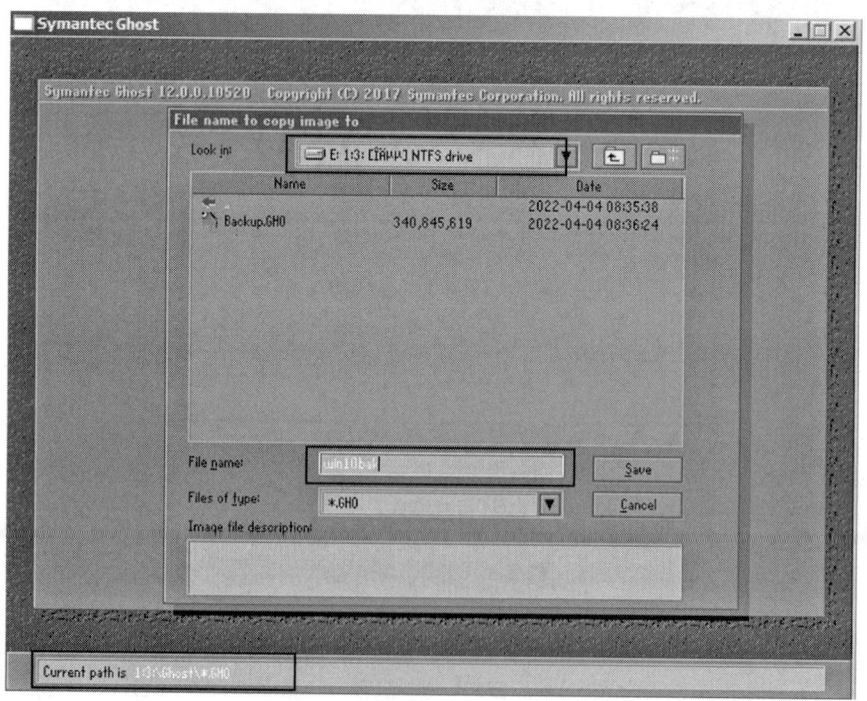

图9-17　确定分区备份的位置

（7）单击"Save"按钮后，弹出选择镜像的制作方式（No表示不压缩；Fast表示快速压缩，压缩比例小；High表示高比例压缩，但速度慢，用户可以根据需要选择，建议选择Fast），如图9-18所示。

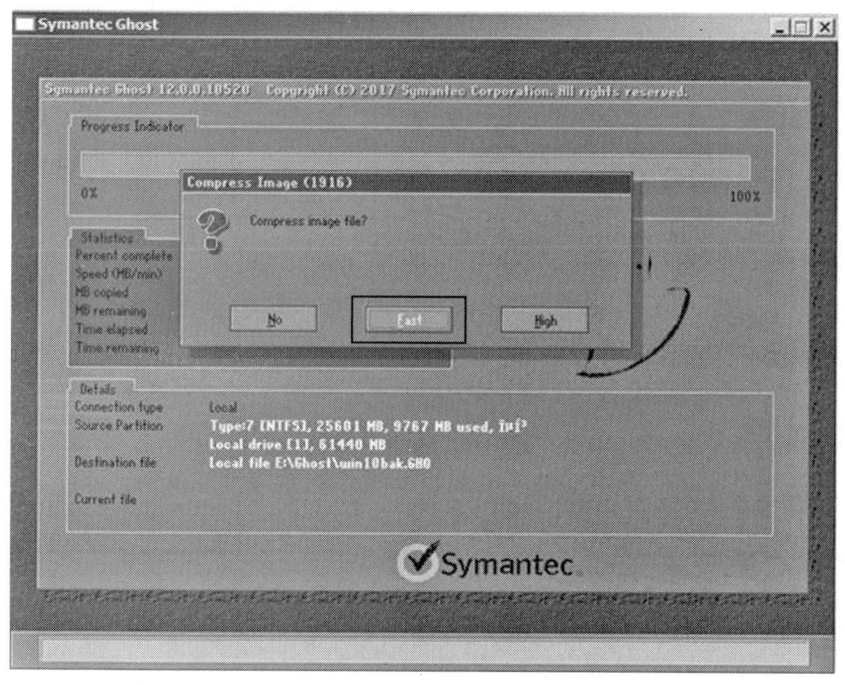

图9-18　选择镜像制作方式

（8）选择"Fast"就会进入下面的GHOST备份界面，如图9-19所示。完成备份后在计算机E盘的Ghost文件夹中将看到图9-20所示的WIN10bak.GHO文件。

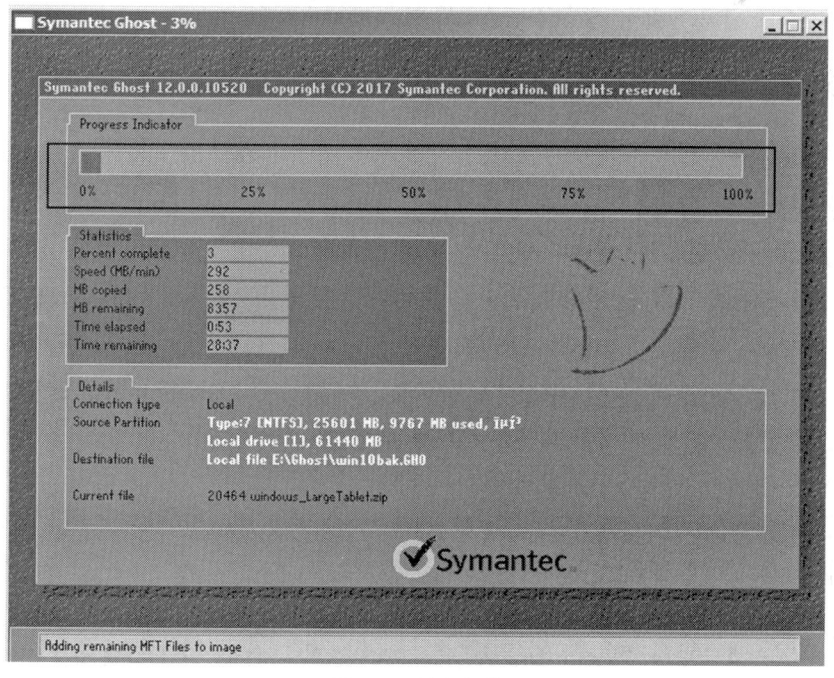

图9-19　正在备份

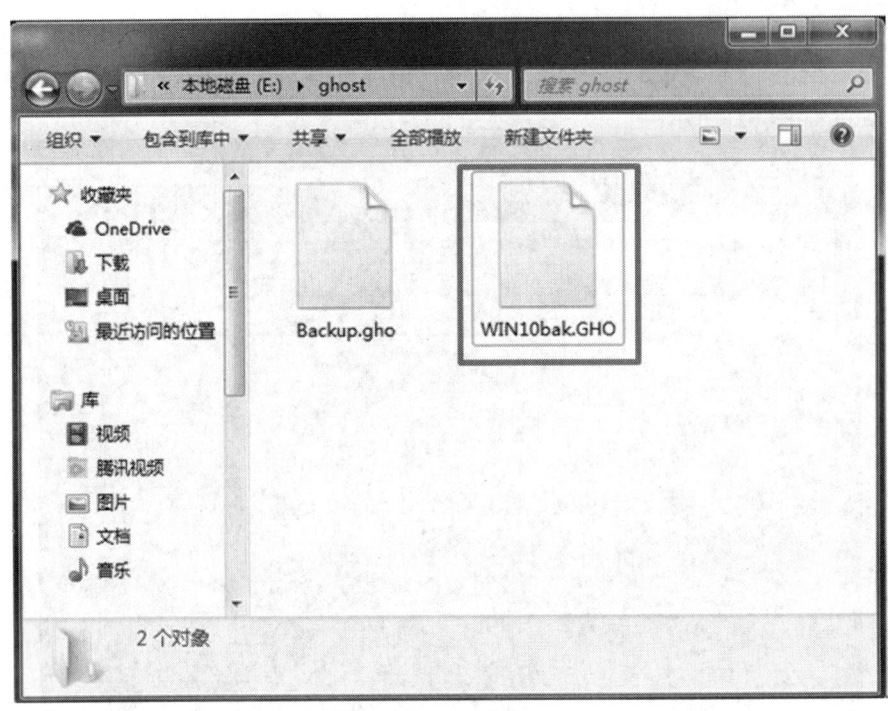

图9-20　备份完成

注意

　　使用Disk to Image命令将硬盘备份成映像文件和备份分区差不多，一般个人使用的计算机选择分区备份就可以，像学校或企业计算机数量很多时才选择备份硬盘，然后通过网络克隆到其他的计算机上。

任务三　使用GHOST还原系统

　　还原是备份的逆过程，当操作系统出现故障不能使用时，用户可以利用GHOST工具从备份的GHO映像文件还原，恢复到系统备份前的状态。

1. 使用大白菜一键装机命令还原

　　还原系统和操作系统安装的方法一样，可以直接采用PE桌面上的"大白菜一键装机"命令去完成，如图9-21所示。

扫码观看视频

　　单击"执行"按钮后进入GHOST还原界面，等进度到100%后会重启计算机，系统还原便结束，然后又回到备份系统以前的操作界面。

2. 使用 PE 手动运行 GHOST 工具还原

　　其实还原和备份的步骤差不多，只要把操作的命令改为还原。

　　还原的具体步骤如下所述。

　　（1）手动打开GHOST工具后，选择"local"（本地）→"Partition"（分区，Disk：表示硬盘）→"From Image"（从映像文件）命令，GHO映像文件还原到分区，如图9-22所示。

扫码观看视频

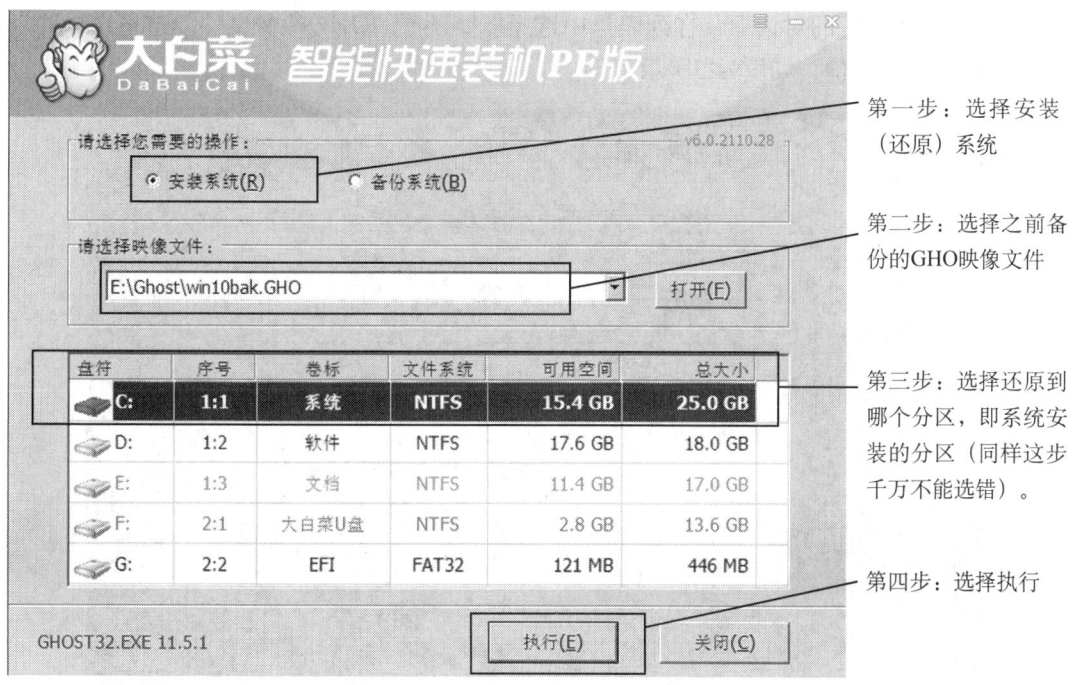

第一步：选择安装（还原）系统

第二步：选择之前备份的GHO映像文件

第三步：选择还原到哪个分区，即系统安装的分区（同样这步千万不能选错）。

第四步：选择执行

图9-21　通过大白菜还原系统

Partition From Image: 表示从GHO镜像到分区

Disk From Image: 表示从GHO镜像到硬盘

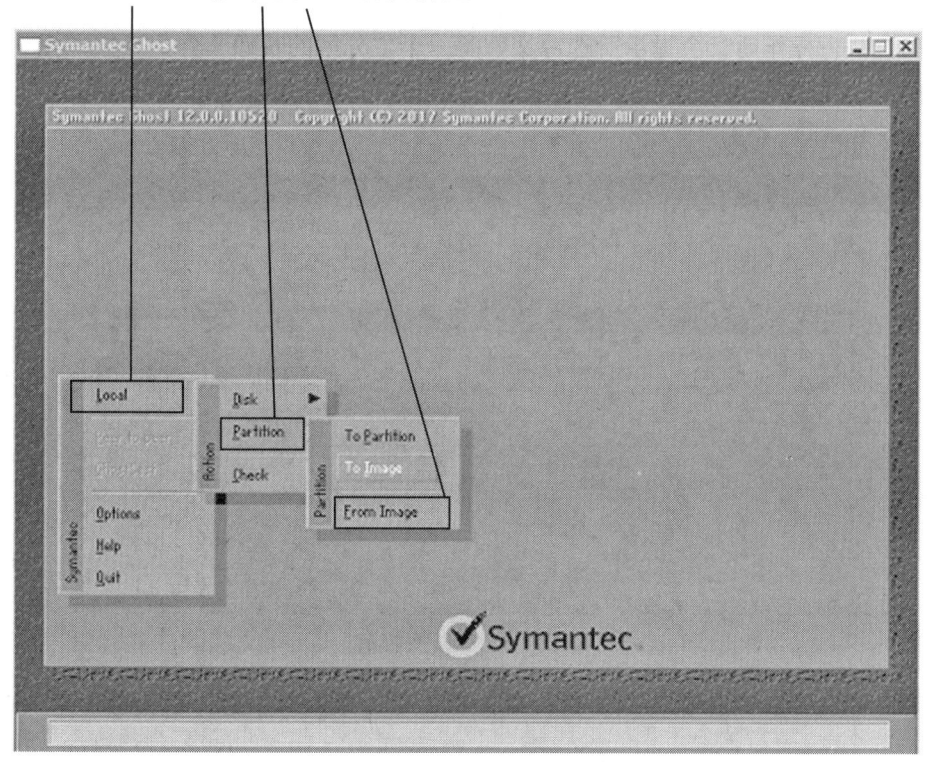

图9-22　分区还原操作

（2）弹出相应的对话框，在列表框中选择需要还原的GHO映像文件，这里选择的是之前备份的映像文件，如图9-23所示。

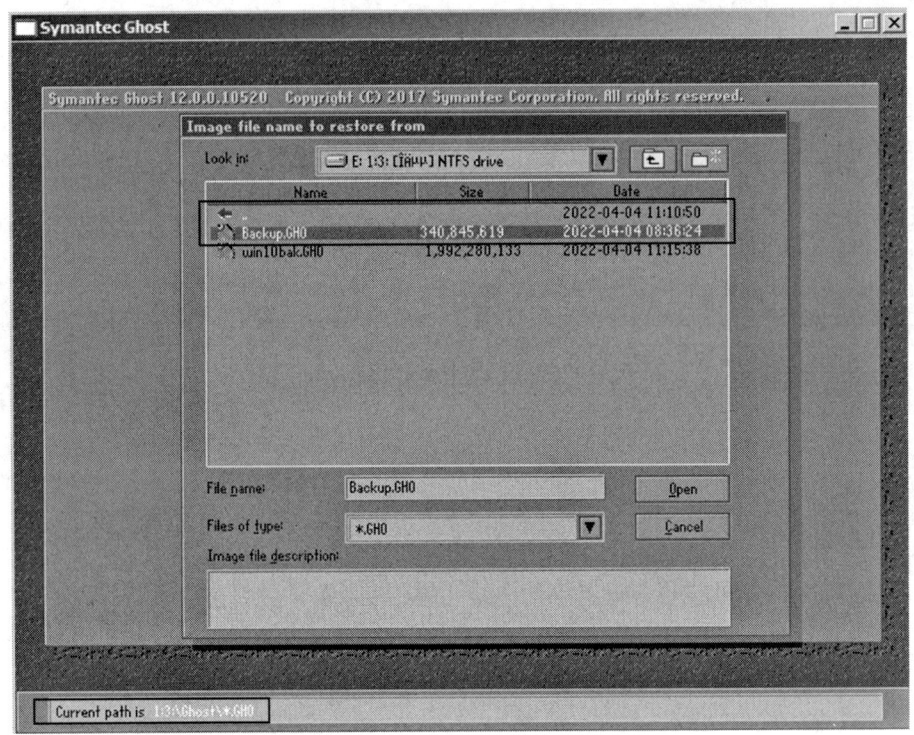

图9-23　选择GHO映像文件

（3）执行操作后，会提示所选源文件是一个主分区的映像文件，直接单击"OK"按钮即可，如图9-24所示。

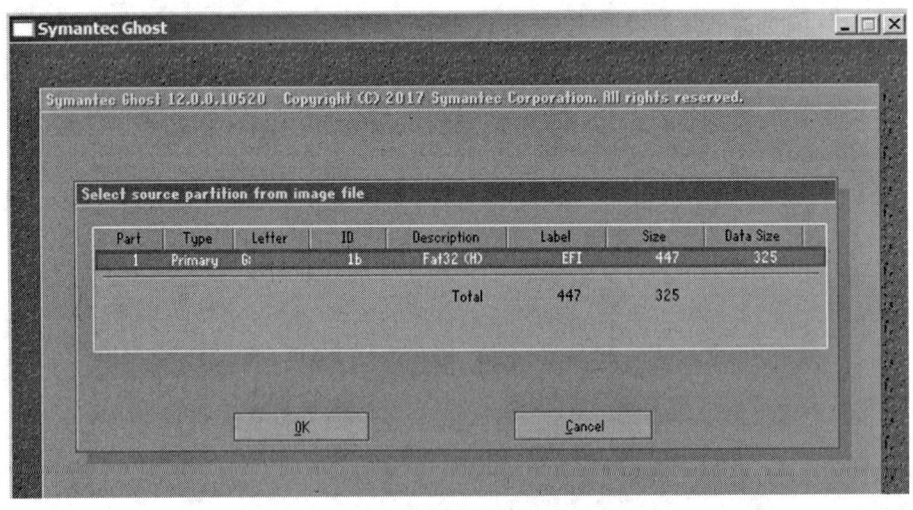

图9-24　映像文件提示

（4）进入下一个操作界面，选择要还原到哪个硬盘（注意不要选错），如图9-25所示。

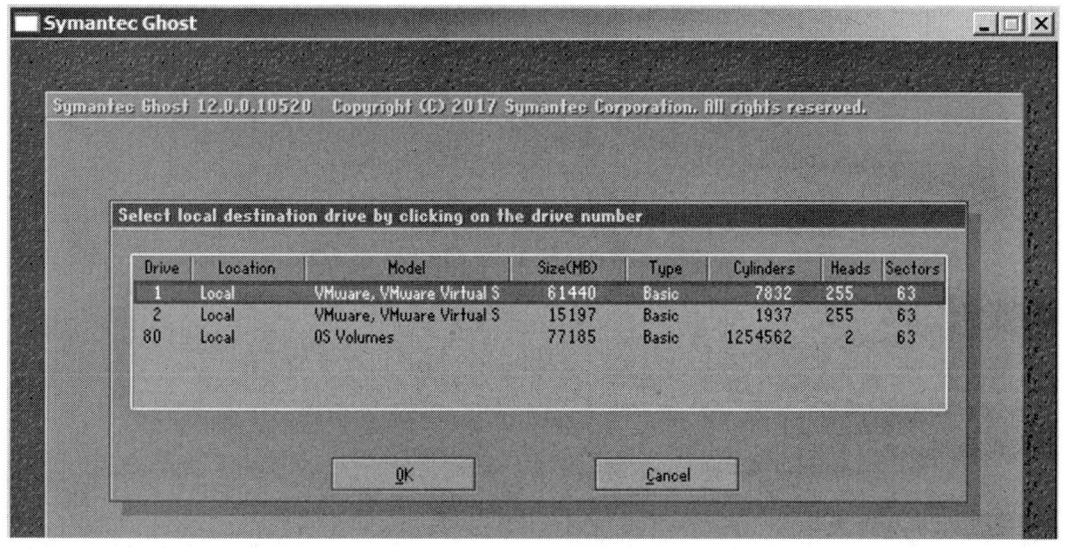

图9-25 选择还原的目标硬盘

（5）单击"OK"按钮，进入下一个界面，选择要恢复的分区，一般选择原来安装系统的分区（注意不能选错），如图9-26所示。

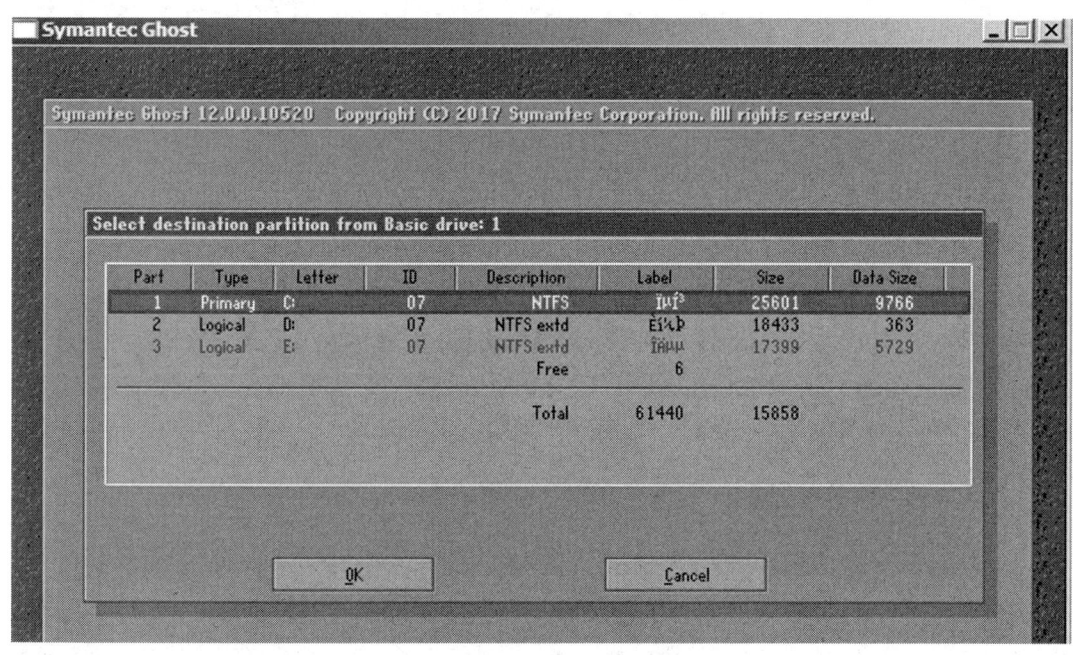

图9-26 选择还原的目标分区

（6）单击"OK"按钮后，弹出提示框询问是否进行还原操作，提示将删除该分区中的所有内容，如图9-27所示。

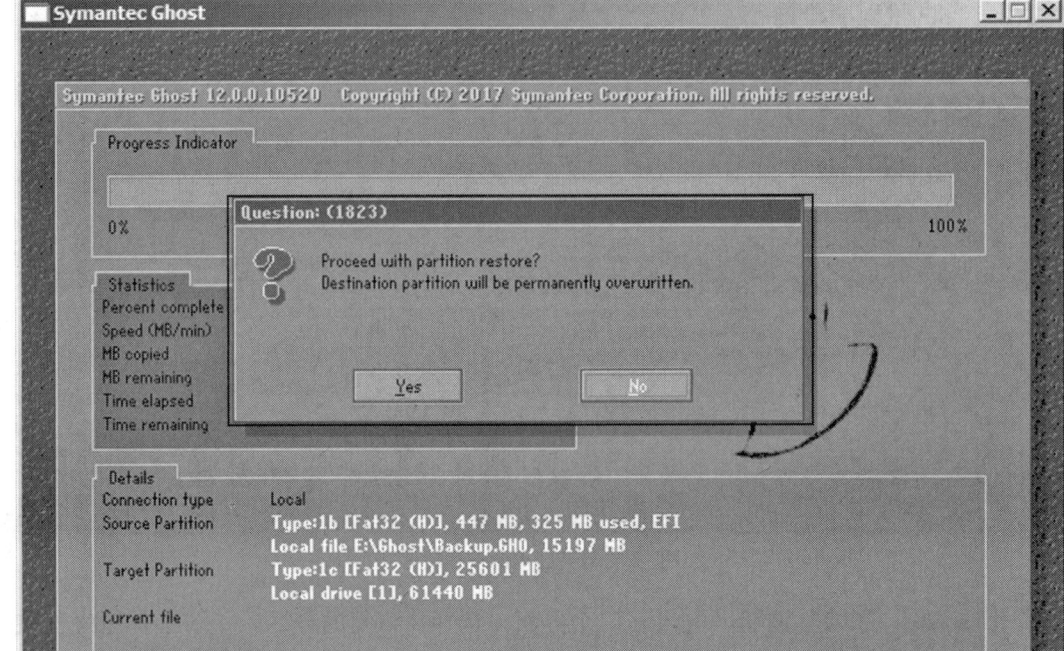

图9-27　询问是否还原

（7）单击"Yes"按钮进入GHOST还原界面，如图9-28所示，等进度到100%后重启计算机，系统还原便结束，然后又回到备份系统以前的操作界面。

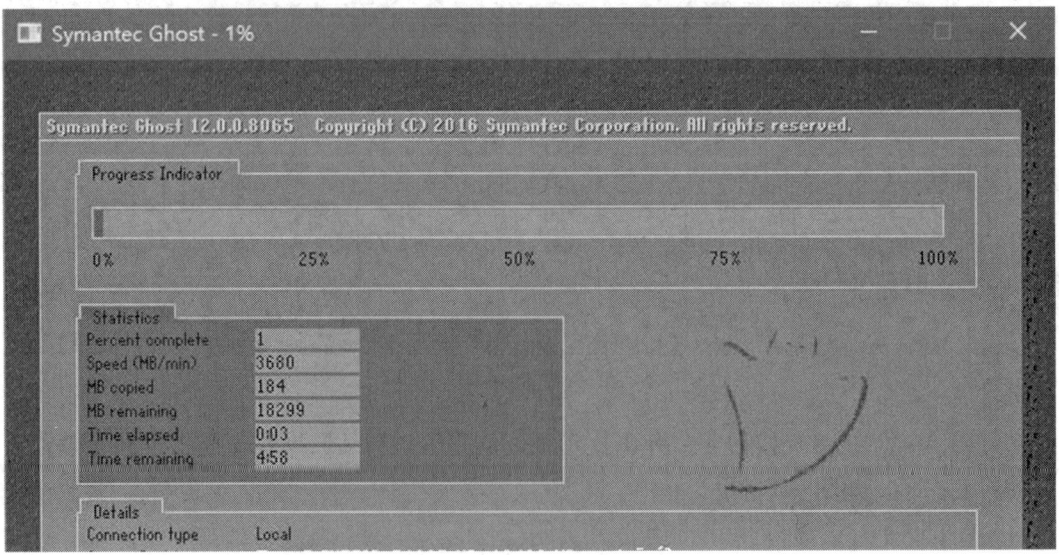

图9-28　还原进度

❖ 项目总结

通过对本项目的学习，掌握了优化计算机的方法，同时掌握了计算机系统的备份和还原的技能。

❖ 练习与实践

➢ 单选题

1. 下列命令哪个是打开系统配置的命令？（　　）

    A. MSCONIG

    B. REGEDIT

    C. GPEDIT.MSC

    D. MSCONFIG.MSC

2. GHOST生成的映像文件的扩展名是（　　）。

    A. .bak   B. .gho

    C. .dat   D. .sys

➢ 多选题

1. GHOST工具软件具有哪些功能？（　　）

    A. 系统备份   B. 系统优化

    C. 系统还原   D. 杀毒

2. GHOST在创建备份映像文件时，根据空间和速度不同可以采用下列哪些压缩方式？（　　）

    A. NO   B. FAST

    C. MAX   D. HIGH

3. GHOST可以备份成映像文件的对象包括？（　　）

    A. 整块硬盘

    B. 硬盘上的若干分区

    C. 硬盘上的某些文件夹

    D. 硬盘上的某个分区

➢ 判断题

1. GHOST软件不需要下载，在制作的大白菜U盘中就自带。（　　）

    A. 对   B. 错

2. 对系统进行优化后可以提高系统的运行速度。（　　）

    A. 对   B. 错

优化计算机	
项目背景 介绍	计算机使用久了，难免会出现一些卡顿现象，只有状况良好的计算机系统才会有一个正常运行的计算机环境
设计任务 概述	（1）手动优化系统 （2）使用软件优化系统
实训记录	
教师考评	评语： 辅导教师签字：＿＿＿＿＿＿

👆 **实训任务二**

系统备份和还原	
项目背景 介绍	在系统出现问题时，如果系统进行了备份，就可以直接将系统还原，不但高效地解决了系统问题，还节省了重装系统的时间
设计任务 概述	（1）以GHO映像文件的方式对系统盘进行备份 （2）破坏系统，然后将备份的系统GHO映像文件还原到系统盘
实训记录	
教师考评	评语： 辅导教师签字：

项目十

计算机故障的排除

▲ **项目导读**

　　随着计算机使用的常态化，出现故障的概率也大大增加了。在使用过程中不可避免会出现软件故障、系统故障、计算机无法开机等问题。本项目主要讲述如何排除计算机常见的一些软件和硬件故障。

　　本项目安排了实战任务，让读者更熟练地掌握排除计算机故障的各种方法。

▲ **重点与难点**

● 计算机故障的类型与原因

● 计算机故障的诊断原则与方法

● 计算机常见软件和硬件故障的处理方法

▲ 学习目标

- 掌握计算机故障的类型与原因
- 掌握计算机故障的诊断原则与方法
- 熟悉计算机各种常见的软件和硬件故障

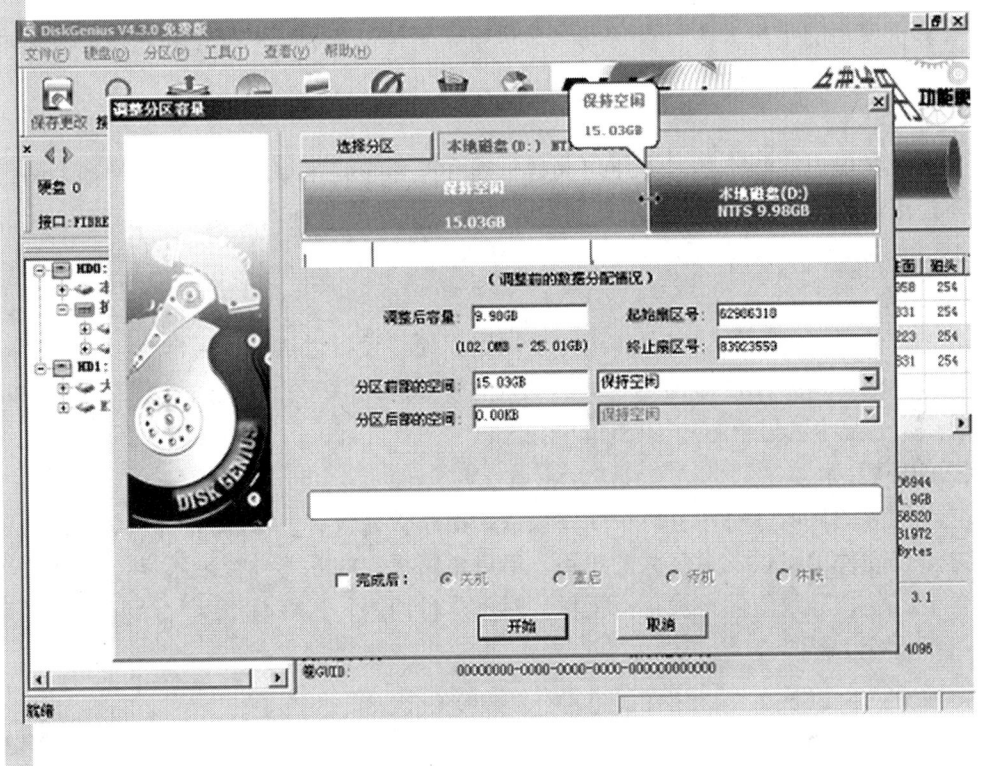

计算机故障概述

随着计算机使用频率的增加，出现故障的概率也大大增加了，使用过程中不可避免地出现各种软件故障和硬件故障。本操作将介绍计算机故障的基本概念，有助于用户更好地排除计算机故障。

任务一 故障诊断的定义

处理计算机故障的过程就像医生给病人看病一样，必须通过一定手段去检测和诊断，才能快速查找到故障所在的位置。故障诊断就是用各种软件或硬件手段测试，查找故障的部位、判断出故障的原因，根据诊断结果采取相应的处理对策。

任务二　计算机产生故障的原因

　　计算机产生故障的原因有很多种，只有了解了故障产生的原因才能确保计算机不出故障。根据计算机软件和硬件两个方面，归纳出以下几种易导致计算机出现故障的原因，平常在使用计算机时要多加注意。

1. 正常使用的磨损

　　计算机使用的年份太久，设备的寿命也就到了。设备的正常磨损和硬件的老化常会引发计算机故障。

2. 电压不稳

　　外部电源供电电压不足、电压忽高忽低或在工作中经常突然断电等情形都会引起计算机不能正常工作，甚至会导致计算机硬件损坏，此类故障可以添加稳压器或UPS电源来解决。

3. 温度过高

　　硬件过热是影响硬件稳定工作的主要原因。硬件设备过热时，通常会引起死机和重启。因此，通常需要在计算机中对发热量大的硬件加装散热片或散热风扇，例如主板芯片组、CPU、显卡的显示芯片等硬件。

4. 潮湿的环境

　　过于潮湿的环境会使计算机中硬件设备的电路板在含有大量水汽的环境中工作，久而久之会使硬件电路板发生轻微的短路，造成电路板中的元器件接触不良，或损坏电路板中的元器件，导致硬件无法正常工作。对于这种问题，最好是给空气除湿或让计算机经常处于运行状态。

5. 灰尘淤积

　　灰尘淤积一直是引起计算机硬件故障的主要原因。计算机主板、电源及CPU等处的灰尘淤积得太多会导致计算机产生的热量无法及时散出，使得这些部件局部过热。也有可能因为灰尘淤积导致硬件设备之间接触不良，影响计算机的正常运转。因此，每隔一段时间应该清理一下计算机硬件中的灰尘。

6. 感染病毒

　　感染病毒通常会造成计算机运行速度慢、死机、蓝屏、系统无法启动、系统文件丢失或损坏等故障。对于这种情况，最好安装杀毒软件，防止计算机被病毒感染。

7. 人为的不当操作

　　操作不当属于人为故障，大部分由于错删文件或错误的设置等不当操作导致计算机程序无法运行或启动。另外，随意的搬动、暴力拆装、数据线连接不正确等不当行为也可能引起计算机无法开机。

任务三　计算机故障的分类

　　计算机在使用过程中出现故障是难免的。故障有大有小，有些故障不会影响计算机的使用，但有些故障可能导致计算机崩溃。计算机的故障有很多，根据故障持续时间长短来分，可分为随机性故障和固定性故障；根据故障产生的严重性来分，可分为致命性故障和非致命性故障；根据故障的性质来分，可分为软件故障和硬件故障。

随机性故障：也叫不稳定性故障，主要是由于接触不良、电压不稳、工作温度过高等原因导致，这类故障的发生一般没有规律，时好时坏。

固定性故障：也叫稳定性故障，主要是由于硬件设备功能失效、电路短路等引起，这类故障不去处理，故障就会一直出现。

非致命性故障：这类故障不算严重，在打开计算机时一般会给出错误信息，用户可以根据错误信息去处理故障。

致命性故障：从字面上即可看出这类故障很严重，这里可以理解成开机时没有任何显示，俗称"黑屏"。但不是所有黑屏的故障都不能处理，例如硬件设备之间接触不良导致的黑屏。

硬件故障：这类故障主要是指计算机硬件中的元器件发生故障，从而使计算机不能正常工作，而元器件主要包含主板、CPU、内存、电源等。一旦出现硬件故障，就要及时维修，从而保证计算机的正常运行。

软件故障：这类故障主要是指用户在使用软件过程中出现的故障。发生故障的主要原因有丢失文件、系统崩溃、误操作、软件冲突、感染病毒等。

对于一些软件类或较小的硬件故障，可以利用所学的知识解决，而对于设备损坏级的故障可以更换设备或请专业人士解决。

任务四　计算机故障的处理原则

计算机的故障五花八门、千奇百怪，在排除计算机故障的过程中，只要按照一定的处理原则去检测和诊断就能快速查找到故障所在的位置，提高处理故障的效率，避免因为不必要的错误操作引起更多的故障。

先想后做：根据观察到的故障现象，分析可能产生故障的原因。先想好怎样做，从何入手，再实际动手。

先问后分析：如果不能直接观察到故障，一定要多问，只有问清楚了，才能有针对性地做出分析。对于不太懂计算机的人，问问题时一定要注意技巧，例如"计算机什么配置？"这样的问题就不如"计算机买了多久？""计算机花了多少钱？"。尽可能引导式的提问，如"机箱灯是否亮了？""显示器灯是否亮了？有没有显示内容？内容是什么？""计算机有没有响声？什么样的声音？"

先软后硬：对于显示了内容的计算机，应该先判断是否为软件故障，软件问题排除后，再着手检查硬件。

先外后内：当确定是硬件问题时，应优先检查机箱外面的设备是否正常，当确认外部设备没有异常时，再检测机箱里面的设备。

先假后真：当确定是机箱里面的设备有问题时，可以根据设备出故障的概率先假设某个设备出了故障，再采取相应方法去确定它是否真的出了故障。

任务五　计算机故障的处理方法

计算机故障主要分为软件故障和硬件故障两大类，相对来说，软件故障比较好解决，最直接的方法就是重新安装系统。硬件故障就要动脑、动手逐步地对故障进行分析、诊断、排除。学习计算机故障处理的方法不仅可以学到很多维修知识和技巧，还可以省时、省力、省钱，还能更省心。

1. 直接观察法

中医讲究的是"望、闻、问、切"的诊断原则，计算机的维修也有类似的方法，那就是直接观察法。直接观察法主要有四个方面，即看、闻、听、触。

● 看

顾名思义，就是用眼睛看。在计算机故障分析处理的时候，可以看计算机指示灯，指示灯会告诉我们计算机是否在正常工作；也可以观察主机内各部件是否安装到位，接插件及数据线是否有松动，元器件是否存在脱焊、虚焊、变形、烧焦等现象。如果计算机能显示内容，则可以根据错误提示进行具体分析。

● 闻

在检修计算机时，如果闻到烧毁的气味应立即切断电源，否则会扩大故障。闻到气味要及时关机，顺着气味找故障点。

● 听

在检修计算机时，如果听到报警声，从某种意义上讲可能是好事，因为声音可以告诉故障的位置。目前主要是台式机会发声，报警声由长短音构成。根据主板的BIOS程序不同，不同的声音传达的信号也不同。Award BIOS报警声如表10-1所示。AMI BIOS报警声如表10-2所示。

表10-1　Award BIOS报警声

声音	传达的信号
1短	系统正常启动。如果显示器无信号，检查显示接线和显示器
2短	常规错误。重新设置CMOS中不正确的选项
1长1短	RAM或主板出错。先检查内存，再检查主板
1长2短	显示器或显示卡错误。一般为显卡故障
1长3短	键盘控制器错误。检查主板
1长9短	BIOS损坏。通过仪器刷BIOS，或者换BIOS芯片
重复长声	内存条故障。用插拔法处理内存，如损坏应予更换
不停地响	重新连接计算机的各个接头
重复短响	电源问题，一般要维护或更换电源

表10-2　AMI BIOS报警声

声音	传达的信号
1短	内存刷新故障
2短	内存ECC校验错误
3短	系统基本内存检查失败
4短	系统时钟出错
5短	CPU出现错误
6短	键盘控制器错误
7短	系统实模式错误
8短	显示内存错误
9短	BIOS芯片检验错误
1长3短	内存错误
1长8短	显示器的数据线或显卡未插好

有些情况要特别注意：有些计算机在开机时压住了键盘也会有"重复短音"；有些主板"重复短音"表示内存报警；"呜啦呜啦"的救护车声，伴随着开机长响不停是CPU过热的系统报警声。

● 触

检修计算机时，手的触觉也是很有用的。可以用手来感觉温度和电的问题。

触摸元器件，如果无温度（几乎与室温一样），说明元器件不工作；如果温度过高（发烫），说明元器件过流或短路。

手碰到机箱后触电，则可能是漏电或是静电。

区分静电与漏电的方法：拔掉电源线再试，如果再被电则是静电；如果不被电，则表明刚才是漏电。有静电要及时释放，提高湿度可有效防止静电。漏电则要及时维修或更换设备。

2. 最小系统法

最小系统是指从维修判断的角度，能使计算机开机或运行的最基本的硬件环境，也就是指在主板上只插入CPU、内存、显卡、连接显示器等基本硬件。如果在最小系统内计算机能正常稳定地运行，则故障应该发生在没有加载的部件上或存在兼容性问题。

3. 插拔法

插拔法是一种判断故障的比较好的方法，其原理就是通过插拔板卡后，观察计算机的运行状态来判断故障所在。若拔出除CPU、内存、显卡外的所有板卡后系统工作仍不正常，则说明故障很可能出在CPU、内存或显卡上。插拔法还可以排查出一些芯片、板卡与插槽接触不良所造成的故障。

4. 替换法

替换法是用好的部件代替可能有故障的部件，以故障现象是否消失来判断的一种维修方法。

通过替换部件来确定故障点，若故障转移到没有问题的部件上，说明就是刚才交换的板卡的故障；如果问题依然存在，再继续查找。运用替换法时，要防止静电造成新故障，所以不可带电操作，否则会造成人为故障。

好的部件可以是同型号的，也可以是不同型号的。替换的顺序一般依据以下几点。

（1）根据故障的现象考虑需要替换的部件或设备。

（2）按替换部件的难易顺序来替换，如：先内存，再CPU，后主板。

（3）先考查怀疑有故障的部件相连接的连接线、信号线等。

（4）替换怀疑有故障的部件，然后是替换供电部件，最后是替换与之相关的其他部件。

（5）从部件的故障率高低来考虑最先替换的部件，故障率高的部件优先替换。

5. 除尘法

计算机使用久了，主机箱中会淤积很多灰尘，计算机一旦出现故障，首先要考虑是不是灰尘的问题。灰尘积得太多，会影响计算机的正常散热，也会出现静电或配件接触不良的现象，因此，要定期对计算机除尘。可使用小毛刷扫除CPU风扇、电源风扇和显卡风扇上的灰尘，使用橡皮擦擦拭各板卡的金手指等。

操作二　常见软件故障的处理

计算机故障中大部分都是软件故障，软件故障表现在操作系统故障、驱动程序故障和应用软件故障三个方面。当计算机出现软件故障时，最彻底的方法就是重新安装操作系统、驱动程序和应用软件。本操作将介绍一些常见软件故障的解决思路及方法。

任务一　常见软件故障的解决思路

（1）注意错误提示：发生软件故障时，系统一般都会给出错误提示，仔细阅读提示，根据提示来处理故障常常可以事半功倍。

（2）利用杀毒软件：当系统莫名其妙地运行缓慢或者出错时，应当运行杀毒软件扫描系统，检查是否存在病毒。

（3）少用测试版软件：有些测试版的软件存在漏洞，容易在运行时出错。一般正式版的软件比测试版更加稳定，因此如果一个软件在运行中频繁出错，可以更换该软件的版本。

（4）重新安装应用程序：如果是应用程序运行时出错，可以先卸载这个程序再重新安装，大多时候重新安装程序可以解决很多程序出错的故障。同样，重新安装驱动程序也可修复设备因驱动程序出错而发生的故障。

（5）寻找丢失的文件：如果系统提示某个系统文件找不到了，可以从其他使用相同操作系统的计算机中复制一个相同的文件，也可以从操作系统的安装文件中提取原始文件到相应的系统文件夹中。

任务二　其他软件故障的处理

1. 计算机速度变慢

在使用计算机的时候，经常会遇到卡顿、运行速度慢的问题。排除计算机硬件配置后，常常是由感染病毒、加载的程序过多、垃圾文件和垃圾软件过多等原因造成的，此时一般需要优化系统。

2. 系统盘剩余空间不足

如果系统盘剩余空间不足会极大地降低计算机的运行速度。针对空间不足的问题，虽然可以通过清理系统盘的垃圾文件和卸载不使用的软件来处理，但是这些处理方式不能彻底解决问题，最有效的方法就是调整系统盘的大小。通过大白菜U盘启动菜单中的DiskGenius就可以实现无损地调整系统分区大小。

调整系统分区大小的步骤如下所述。

（1）选择C盘（系统盘）旁边有空闲空间的分区，右键旁边有空闲的分区，弹出快捷菜单，选择"调整分区大小"命令，如图10-1所示。

扫码观看视频

图10-1　调整分区大小1

（2）在分区前面拖动滚动条，使该分区前留出一块"空闲空间"，如图10-2所示。

图10-2　调整分区大小2

（3）当C盘相邻位置释放出未分配的空间时，便可使用"调整分区大小"功能来扩大C盘，同样使用拖动滚动条，把留出来的"空闲空间"调剂给C盘，如图10-3和图10-4所示。

图10-3　调整分区大小3

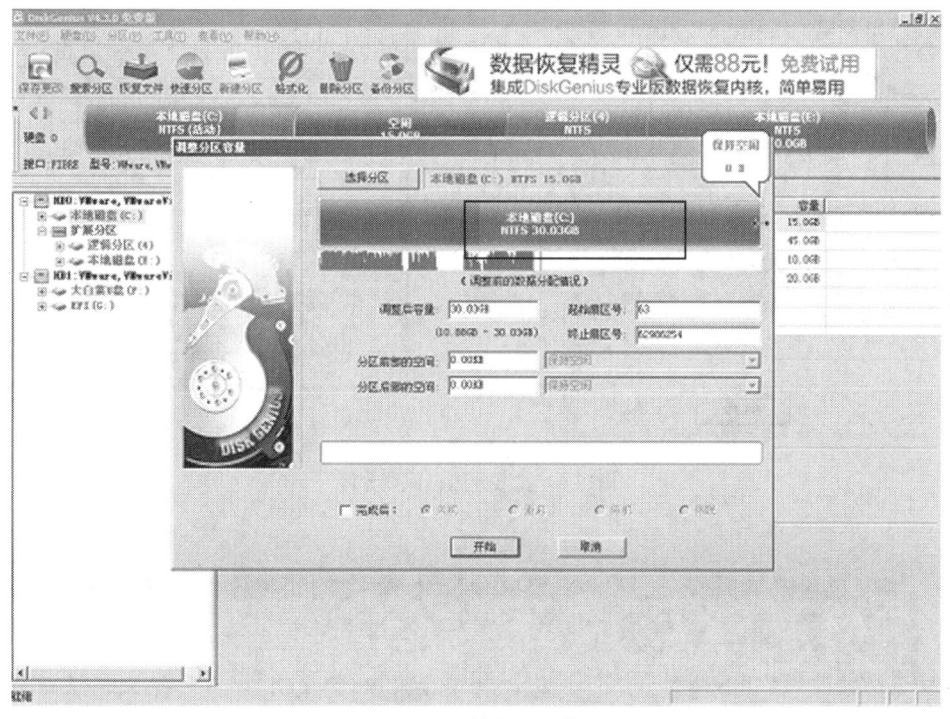

图10-4 调整分区大小4

3. 恢复丢失的分区

病毒破坏、非法关机等原因可能造成磁盘的分区丢失。在这种情况下，不要直接重新分区，可以用做好的启动U盘来尝试修复。用U盘启动到PE界面，打开分区软件DiskGenius，看到的是一个空的硬盘，单击"搜索分区"进行分区恢复操作，具体过程如图10-5、图10-6和图10-7所示。

扫码观看视频

硬盘分区不见了

图10-5 开始恢复分区

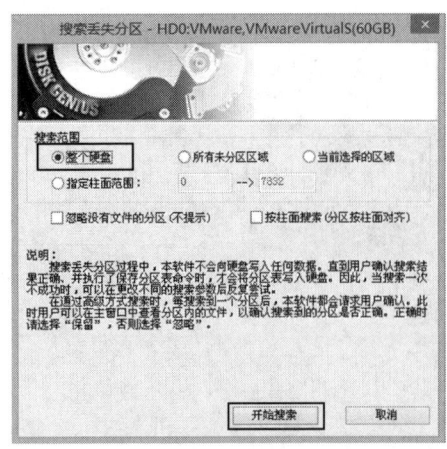
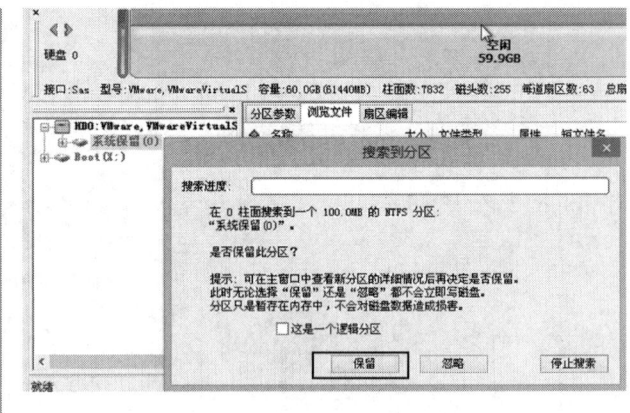

图10-6 搜索分区、保留分区

10

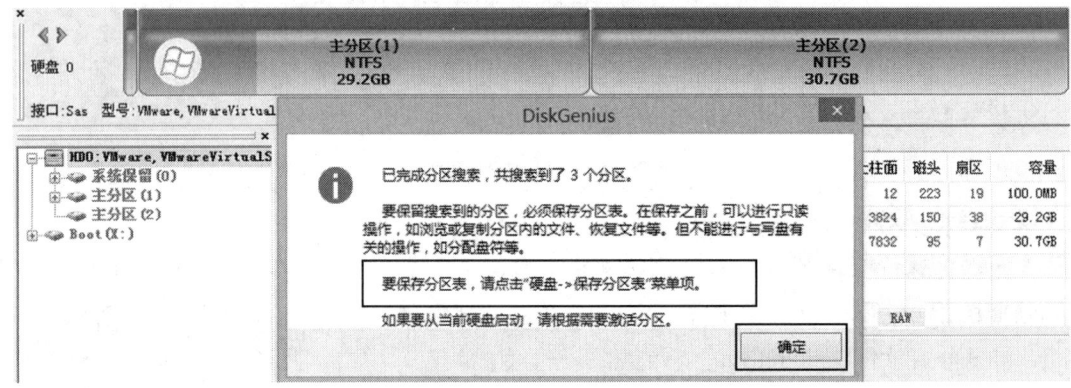

图10-7 恢复成功

4. 文件恢复

遇到不小心删除文件的时候不要着急，马上把计算机关机。和恢复分区一样用U盘启动到PE界面，打开软件DiskGenius，选择删除了文件的分区，单击"恢复文件"操作，具体过程如图10-8、图10-9和图10-10所示。

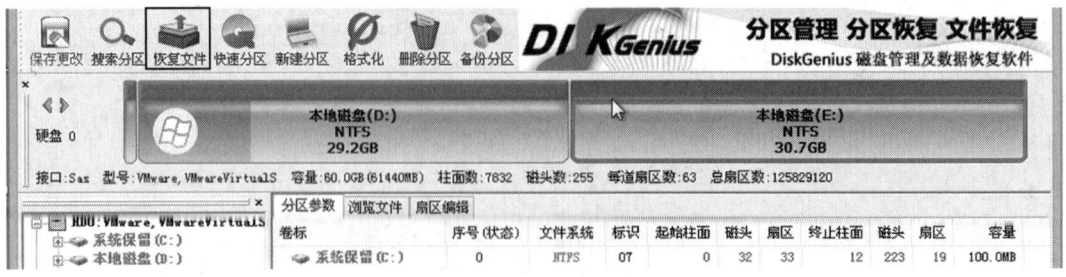

图10-8 开始恢复文件

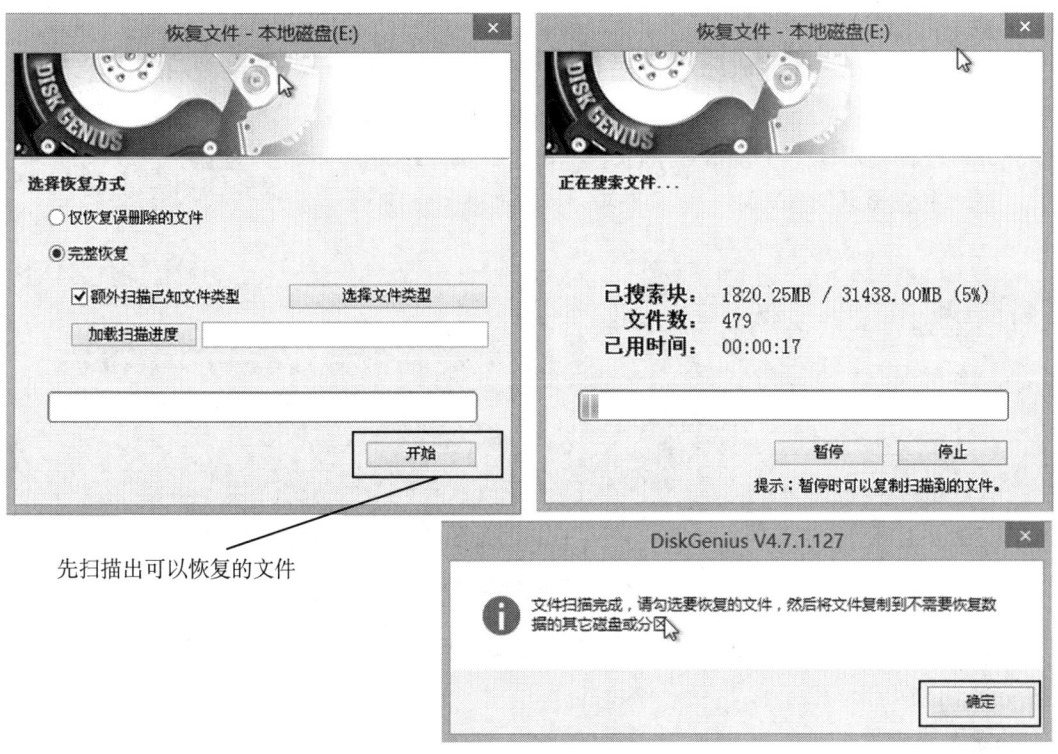

先扫描出可以恢复的文件

图10-9　扫描文件

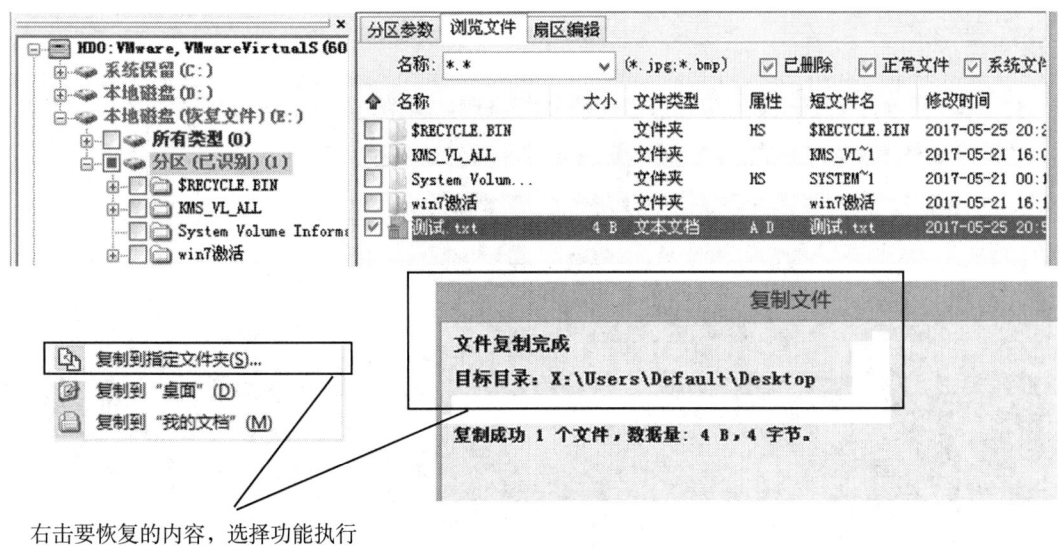

右击要恢复的内容，选择功能执行

图10-10　恢复文件

注意　不要在误删文件的分区写入数据以及执行软件，执行软件也可能写入数据。写入数据就会破坏被误删的文件。恢复的文件在存放时也要放到其他分区。

5. 磁盘引导修复

有的计算机安装了还原软件，在重新安装完GHOST版Windows系统后却启动不了。这种情况一般是磁盘引导的问题，进行磁盘引导修复就可以了。和恢复分区一样，用U盘启动到PE界面，打开软件DiskGenius，单击"硬盘"下的"重建主引导记录（MBR）"菜单项，具体如图10-11所示。

扫码观看视频

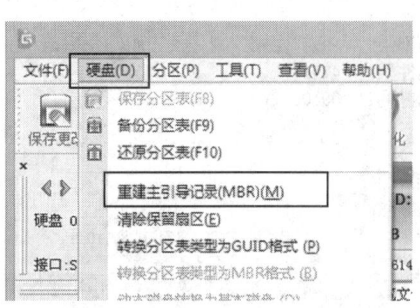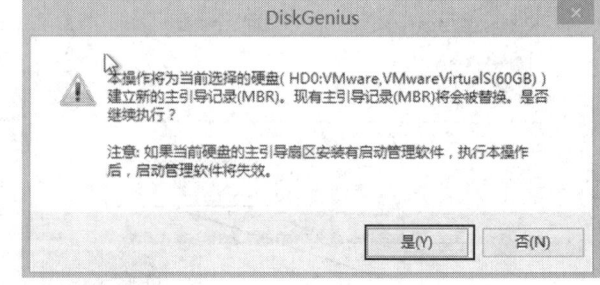

图10-11 磁盘引导修复

单击"是"按钮后，程序将用软件自带的MBR重建主引导记录。重启后，Windows系统就能正常启动了。

6. 系统引导修复

由于病毒破坏等原因导致系统启动时异常，提示要修复才能启动。遇到这类情况，试着用U盘启动到PE界面，进行Windows引导修复。具体过程如图10-12所示。

扫码观看视频

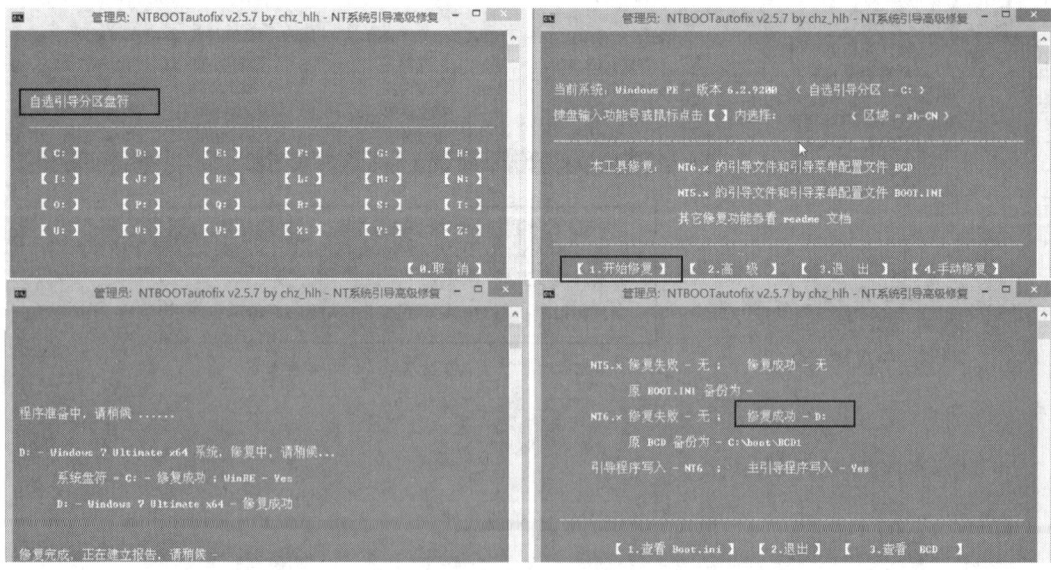

图10-12 系统引导修复

7. 系统密码清除

把系统密码忘记了怎么办？不用重装系统，用工具清除密码即可。用U盘启动到PE界面，运行登录密码清除软件清除密码，具体操作如图10-13所示。

扫码观看视频

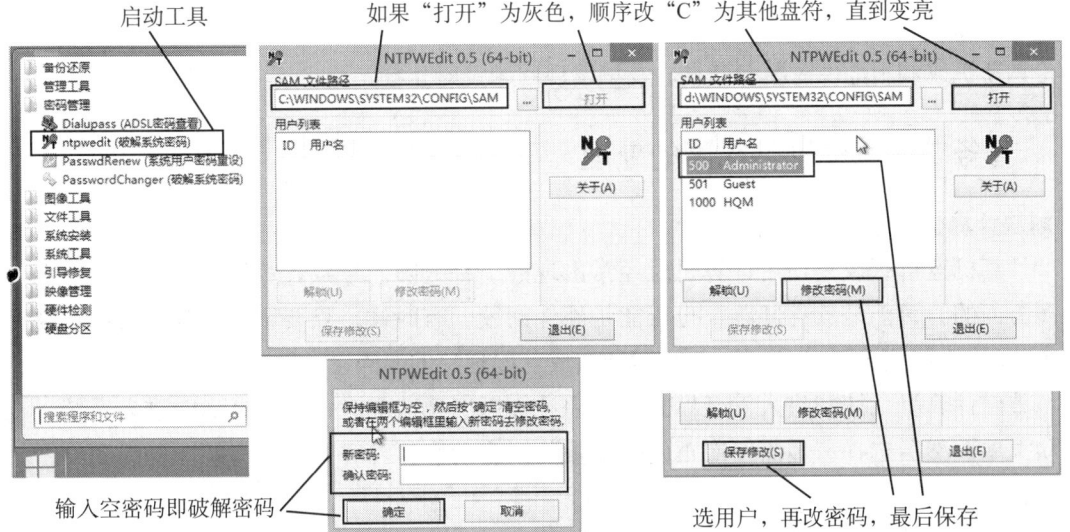

图10-13　系统密码清除

操作三　常见硬件故障的处理

硬件故障主要是指计算机硬件中的元器件发生故障，从而导致计算机不能正常工作。其实，解决硬件故障并不一定需要非常高深的专业知识，本操作将介绍一些常见硬件故障的处理方法，希望对大家有所帮助。

任务一　常见硬件故障的解决思路

1. 散热不畅

计算机风扇属于消耗品，用久了性能会下降，从而引起硬件温度过高，高温会导致计算机出现故障。特别注意有风扇的位置，如CPU风扇、显卡风扇、主板风扇、电源风扇等。

2. 接触不良

移动机器、灰尘过多、氧化都容易引起计算机配件接触不良。在计算机开机无显示的情况下，清洁内存和显卡，并将它们多插拔几次，解除故障的概率很高。

3. 灰尘太多

灰尘堆积容易引起短路、静电、温度变高等多方面的问题。维修计算机时，发现灰尘多的话，先清理灰尘，清理完后先试一下计算机是否能正常运行。

4. 设备不匹配

　　有些计算机的配件分开用可以使用，放一起就发生故障，所以在给计算机添加配件或更换配件的时候要注意配件之间的兼容性。在给计算机添加内存条时尤其要注意这个问题。

5. 劣质零部件

　　购新机或购新配件时要多测试，及早发现问题及时止损。

任务二　其他硬件故障的处理

1. 解决计算机经常蓝屏的现象

　　计算机蓝屏现象是使用计算机时经常出现的一种故障。导致计算机出现蓝屏的原因是多方面的，可能是软件问题，也可能是硬件问题。有时候，只要重启计算机就有可能解决蓝屏问题。下面有针对性地列出可能造成蓝屏现象的原因以及解决办法。

　　重启计算机，按F8进入安全模式：重启计算机出现蓝屏时，按快捷键F8进入系统，启动菜单，然后选择"最后一次正确的配置"来启动修复计算机，看问题能否得到有效解决。

　　安装的软件存在不兼容性：同样按快捷键F8，选择"安全模式"进入系统，把导致计算机蓝屏的软件卸载掉。

　　计算机感染病毒：因计算机感染病毒而导致的蓝屏现象可以给计算机杀毒或重装系统（如果备份了系统也可以还原系统）。

　　计算机温度过高：若计算机温度过高，则开机时间不要太长，可以通过关机散热，也可以在通风或者有空调的房间使用计算机。

　　内存条接触不良或内存损坏：内存条长时间未清理，灰尘堆积也可能导致计算机出现蓝屏。此情况需要打开主机取出内存条，用橡皮擦擦拭金手指，再将内存条重新安装。

　　硬盘出现故障：硬盘出现故障后，首先需要备份好重要的文件，再进行分区格式设置。如果格式化顺利，硬盘可以继续使用；若失败，则需要更换新的硬盘以保证计算机持续工作。

2. 解决计算机死机现象

　　计算机死机通常是指计算机在使用时，系统无响应，鼠标或键盘无法正常使用，系统卡死的现象。计算机死机是一种很常见的硬件故障，特别是在夏天，经常发生死机的现象。计算机死机通常分为假死机和真死机两种情况，假死机一般是由于计算机老化、硬件过热或同时运行多个程序等导致系统无法响应的死机，假死机一般稍等片刻就可以恢复正常。真死机是无法在短时间内恢复正常的一种死机。导致计算机死机可能是软件问题，也可能是硬件问题，处理硬件故障的方法可以参考处理蓝屏故障的方法。

　　当然，大多数计算机死机可以直接按快捷键Ctrl+Alt+Delete，打开任务管理器，然后选择产生死机的程序，选择"结束任务"按钮即可解决。

3. 解决计算机开机黑屏

计算机开机黑屏基本上是硬件故障导致的，根据故障处理原则和方法可以按照以下步骤去处理。

（1）检查主机和显示器的电源线是否连接好，排查电源线是否有问题，有问题则更换。

（2）检查显示器的数据线与显卡连接是否松动，或集成显卡和独立显卡的位置是否连接错误，有问题则重新连接好。

（3）外设没有问题就打开机箱盖检查，依次检查内存、独立显卡、主板、电源、CPU等设备是否有问题，采取相应的方法处理。

4. 升级计算机

计算机使用很多年以后，速度会越来越慢，即使使用软件来优化，效果也是微乎其微。既然"软"的不行，就只能来"硬"的了，通过升级计算机硬件才是最优策略。升级计算机硬件并不是要换一台新的计算机，而是升级部分硬件就可以让计算机运行流畅，推荐升级以下两个硬件设备。

（1）增加固态硬盘。

固态硬盘对提升计算机的运行速度有非常明显的效果。增加一块240 GB左右的固态硬盘，接口可以选择SATA接口或M.2接口（如果主板不支持M.2接口，可以购买转接卡），再把操作系统安装到固态硬盘中。

（2）增加内存条。

内存容量同样会影响计算机的性能，尤其是在运行一些大型软件时效果更明显，现在最低配置的计算机内存也要达到8 GB，如果计算机还是4 GB的内存或更少则需要增加内存。内存条尽量选择品牌、型号、容量和频率都相同的内存，否则会影响性能。

任务三　处理笔记本电脑故障

笔记本电脑因为便于携带，使用人群越来越多，笔记本电脑故障处理相对台式机的故障处理要麻烦些，以下是笔记本电脑常见故障的处理方法。

1. 开机不加电，无指示灯显示

按下笔记本电源开关，开机指示灯没有显示，或者无法维持开机的情况，应按以下步骤查找问题。

（1）拆除系统电池和外接电源，按下开机按钮后，释放静电若干秒。

（2）单独接上标配外接适配器电源，再开机测试。

（3）如果到步骤（2）能够正常开机，则拔除外接电源，安装系统电池，再开机测试。

（4）故障件确认，使用最小化测试方法，即维持开机时插入最少的部件，即主板和CPU。如果测试能正常开机，可以通过逐个增加相关部件的方式找出故障部件，或者排查是否为安装问题；如果仍然不开机，则故障部件可能为主板、电源板或CPU，再更换相应部件进行测试。

2. 开机指示灯显示正常但屏幕无显示

如果开机能加电，但液晶屏没有显示（注意并非"屏暗"）应按以下步骤查找问题。

（1）外接CRT显示器，并且确认切换到外接显示状态。

（2）如果外接显示设备能够正常显示，则可以认为CPU和内存等部件正常，故障部件可能为液晶屏、屏线、显卡（某些机型含独立显卡）和主板等。

（3）如果外接显示设备无法正常显示，则故障部件可能为显卡、主板、CPU和内存等。

（4）进行最小化测试，注意内存、CPU和主板之间兼容性的问题。

3. 液晶屏有画面，但显示暗

出现液晶屏显示暗可以查找是否存在以下问题。

（1）背光板无法转换主板提供的直流电源，因此无法为液晶屏灯管提供高压交流电压。

（2）主板和背光板电源、控制线路不通或短路。

（3）主板没有向背光板提供所需电源或控制信号。

（4）休眠开关按键不良，一直处于闭合状态。

（5）液晶模组内部的灯管无法显示。

（6）其他软件类的一些不确定因素。

4. 开机或运行中系统自动重启

导致开机或自动重启故障的原因如下所述。

（1）系统文件异常或中了病毒。

（2）主板、CPU等相关硬件存在问题。

（3）使用计算机环境的温度、湿度等干扰因素。

（4）检查系统是否设置了定时任务。

5. 液晶屏花屏

出现花屏故障的原因如下所述。

（1）如果液晶屏显示开机时的LOGO画面是花屏，但连接外接显示设备正常，则可能是液晶屏、屏线、显卡或主板等部件存在故障。

（2）如果在系统运行过程中不定时出现白屏和绿屏的相关故障，通常是显卡驱动兼容性问题所导致。

6. 系统内置和外接喇叭无声、杂音、共响

喇叭出现故障的原因如下所述。

（1）系统内置喇叭无声，外接喇叭输出正常，故障原因可能是内外喇叭接口损坏或内置喇叭、主板（部分机型含声卡板）、连接线未连接好导致屏蔽等。

（2）系统内置和外接喇叭同时无声，则可能是主板或声卡驱动有问题。

（3）系统内置和外接喇叭同时发声，则可能是外喇叭接口损坏、主板（部分机型含声卡板）、连接线未接好等问题。

（4）系统音频播放杂音，可能是内置喇叭、主板（部分机型含声卡板）、驱动存在问题。

❖ 项目总结

通过本项目的学习，读者基本掌握了解决各种故障的分析思路和处理方法。

❖ 练习与实践

➢ 单选题

1. 下列哪个软件可以用于硬盘分区恢复？（　　）

　A. CPU-Z　　　　　　　　　　　B. GPU-Z

　C. DiskGenius　　　　　　　　　D. HDTune Pro

2. 下面哪一项不属于直接观察法？（　　）

　A. 看　　　　　　B. 闻　　　　　　C. 听　　　　　　D. 敲

➢ 多选题

1. 下列哪些属于故障检测方法？（　　）

　A. 直接观察法　　　　　　　　　B. 插拔法

　C. 替换法　　　　　　　　　　　D. 最小系统法

2. 故障分析整体思路有（　　）。

　A. 先问再分析　　　　　　　　　B. 先软件后硬件

　C. 先外设后主机　　　　　　　　D. 拆了机子再分析

➢ 判断题

1. 忘记操作系统的密码就只能重新安装系统。（　　）

　A. 对　　　　　　B. 错

2. 文件被删除了一定可以通过软件找回来。（　　）

　A. 对　　　　　　B. 错

👆 实训任务一

调整分区大小	
项目背景 介绍	如果系统盘剩余空间不足会极大地降低计算机的运行速度，针对空间不足的问题可以采取调整分区大小的方法来解决
设计任务 概述	（1）将系统盘相邻的磁盘释放10 GB （2）将释放的10 GB空间调整到系统盘中

计算机组装与维护

10

调整分区大小	
实训记录	
教师考评	评语： 辅导教师签字：＿＿＿＿＿＿

👆 实训任务二

恢复分区	
项目背景 介绍	现实中可能会遇到磁盘分区丢失的情况，这种情况应该试着找回分区，挽救数据
设计任务 概述	（1）删除硬盘的所有分区并保存 （2）用软件恢复硬盘的所有分区
实训记录	
教师考评	评语： 辅导教师签字：_____

实训任务三

恢复文件	
项目背景 介绍	不小心删错了文件时，要尽量将文件找回
设计任务 概述	（1）删除某些文件 （2）通过软件恢复文件
实训记录	
教师考评	评语： 辅导教师签字：＿＿＿＿＿＿＿

实训任务四

清除系统密码	
项目背景 介绍	系统密码可以提高计算机的安全性，但是忘记密码的时候应该清除系统密码
设计任务 概述	（1）设置系统密码 （2）清除系统密码
实训记录	
教师考评	评语： 辅导教师签字：＿＿＿＿＿＿

参考文献

[1] 徐绕山. 计算机组装与维护标准教程 [M].北京：清华大学出版社,2021.

[2] 宋晓明,王爱莲. 计算机组装与维护案例教程（第2版）[M].北京：清华大学出版社,2020.

[3] 褚建立. 计算机组装与维护情境实训（第3版）[M].北京：电子工业出版社,2021.

[4] 孙承庭. 计算机组装与维护项目化教程（第二版）[M].北京：化学工业出版社,2019.

[5] 赵中秋,徐海钊,丰晓强. 计算机主板维修不是事儿（第2版）[M].北京：电子工业出版社,2021.

[6] 刘瑞新,吴丰计算机组装、维护与维修教程（第2版）[M].北京：机械工业出版社,2016.

[7] 王红军,电脑软硬件维修从入门到精通（第2版）[M].北京：机械工业出版社,2020.